社会基盤メンテナンス手帳

-ME君の点検十訓-

八嶋 厚　監修

技報堂出版

まえがき

私たちのまわりには、橋、トンネル、盛土／切土などで構成される道路や鉄道、上下水道や電気などのライフラインがネットワークとして整備されています。これらは、快適な生活や高い経済活動のためには、欠くことのできない社会基盤です。一方、地震、台風、豪雨などから私たちの生命と財産を守ってくれる様々な防災施設も大変重要です。これらの社会基盤は、「いつも機能を損なわず、そこにある」かのような錯覚を覚えていないでしょうか？優秀な技術者が、継続的な努力により社会基盤を支えていることを忘れていないでしょうか？

わが国では、地震、台風、豪雨などの自然災害の多発とともに、これまで造り上げてきた社会基盤構造物の老朽化が大きな懸念事項となっています。皆さんのまわりでも、老朽化した橋などが大規模に補修されている様子を目にされたことがあるでしょう。しかしながら、公共投資の継続的な削減や技術者の減少により、「壊れてから直す」、「災害が発生してから直す」などの対処療法的な方策しか打ち出すことができず、その結果、国土の荒廃、災害ポテンシャルが上昇するといった状況となっています。真に安全で安心な社会を構築していくためには、「技術者の不足を補い、新たな整備と既存の社会基盤構造物の計画的な維持管理との合理的な両立が重要」です。

このような社会的要請のもと、岐阜大学と岐阜県は、平成 20 年度より文部科学省科学技術振興調整費「地域再生人材創出拠点の形成プログラム」事業として、「社会基盤メンテナンスエキスパート（ＭＥ）養成ユニット」を整備し、活動を開始しています。ユニットでは、社会基盤メンテナンスエキスパート（ＭＥ）養成講座を開講し、各種の社会基盤に対する維持補修・高機能化技術として、ファイナンスを含む座学、設計演習、フィールド実習など、きめ細やかなカリキュラムを用意しています。このカリキュラムを修了し、認定試験に合格された技術者に『ＭＥ』という資格を授与しています。

本書「社会基盤メンテナンス手帳　－ＭＥ君の点検十訓－」は、様々な社会基盤構造物の点検業務において留意して「見るべき」項目をわかりやすく解説するといった趣旨で、平成 20 年度にＭＥを取得された第 1 期生を中心として企画されたものです。講義や実習を担当された著名な講師の方々とＭＥとの綿密な連携により、構造物ごとに重要な10項目を取り上げ、それらを点検十訓としました。それぞれの項目に簡単な解説文が付記されており、維持管理の最前線で活躍される技術者の方々はもちろんのこと、日頃、社会基盤の維持管理に携わっていない技術者や、一般の方々にも、社会基盤の点検業務の大切さを理解していただけるよう編集されています。

本書を出版するにあたり、専門的技術を駆使し、社会基盤構造物の点検十訓をとりまとめられたＭＥ１期生の方々および社会基盤メンテナンスエキスパート（ＭＥ）養成講座講師、並びに本書の出版に当たりご尽力頂きました関係者各位に心から敬意と感謝を申し上げます。

岐阜大学社会資本アセットマネジメント技術研究センター
センター長　八嶋　厚

監　修

岐阜大学社会資本アセットマネジメント技術研究センター長

八嶋　　厚

執　筆

1章	野原　弘貴	岐阜県
2章	鳥本　和宏	岐阜県
3章	堂前　弘一	協業組合　H・C建設
4章	加藤　十良	丸ス産業　株式会社
5章	安藤健太郎	大同コンサルタンツ　株式会社
6章	大橋　徹也	岐阜県
7章	鈴村　真宏	株式会社　市川工務店
8章	北出　　隆	株式会社　長瀬土建
9章	大蔵　康明	岐阜県
10章	勝山　佳典	国土交通省中部地方整備局
11章	曽我　宣之	株式会社　早川工務店
12章	乾　　敬彦	大日コンサルタント　株式会社
13章	高木　仁志	岐阜市
14章	古澤　栄二	株式会社　帝国建設コンサルタント
15章	小池　　一	財団法人　岐阜県建設研究センター

※執筆者は、文部科学省科学技術振興調整費 地域再生人材創出拠点の形成プログラム
岐阜大学社会基盤メンテナンスエキスパート(ME)養成講座の修了1期生。

CONTENTS
目次

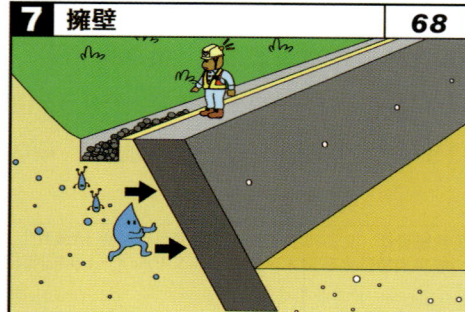

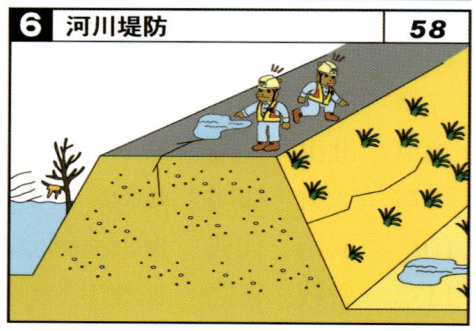

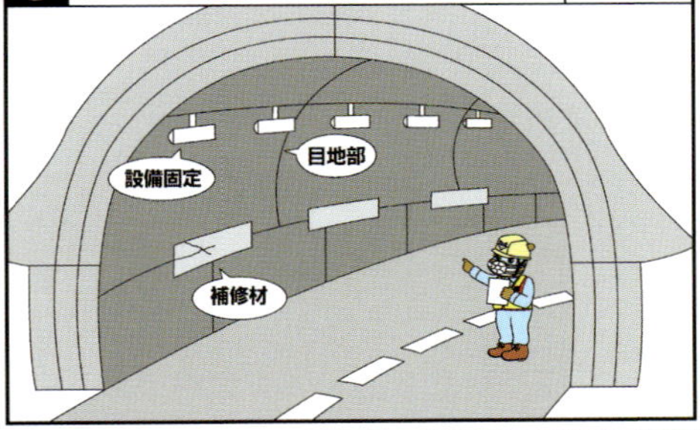
設備固定
目地部
補修材

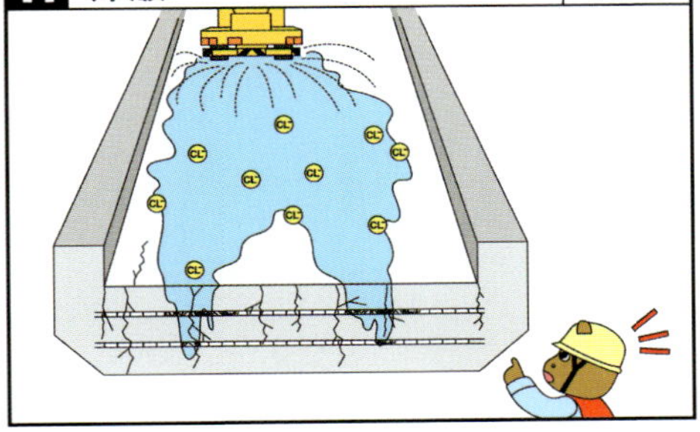

沈下？

1　斜面を見てから崩土の始末

道路上に崩れている土の除去は、二次災害を招く恐れがあるので、上部斜面の安全を確かめてから行おう。

2　新鮮な岩盤亀裂
地すべり・崩壊の兆し

新鮮な岩盤亀裂は、大規模な地すべりの動きや崩壊の前兆である可能性もあるので、注意が必要である。

3　道路の水たまりや舗装の段差
斜面にも注意深い観察を

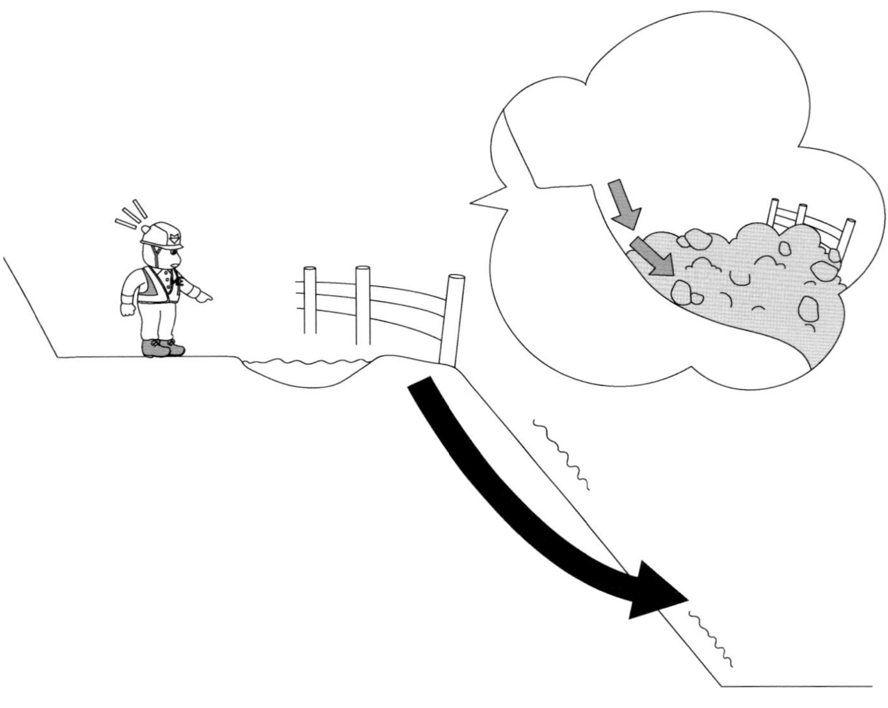

道路上の水たまりは見過ごしてしまいがちだが、路面の凹凸や段差は、地すべりや崩壊の兆候かもしれないので、斜面の変化にも注意しよう。

4　尾根上のけもの道とおぼしき凹地要注意

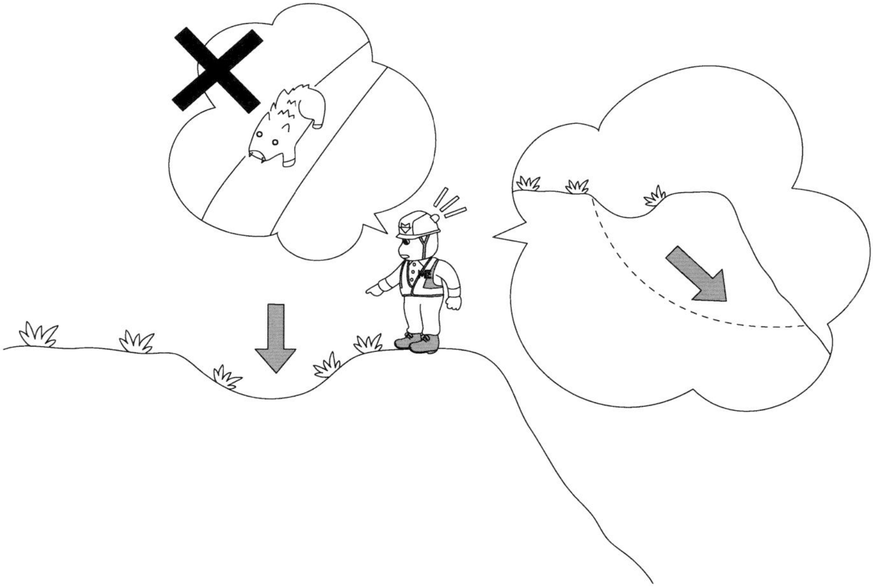

尾根上の窪みは、けもの道ではなく、地すべり頂部の引っ張り亀裂の名残の可能性があるので注意しよう。

5　雨がやんでも安心するな

降雨後には、斜面変動や湧水等の影響が顕著に現れるので、入念に点検しよう。

6　樹木のまがり　地すべり兆候

斜面上の木の根元の曲がりは、過去にすべりをおこした跡かもしれないので、斜面点検では注意しよう。

7　路側の小落石
上部斜面に気を配れ

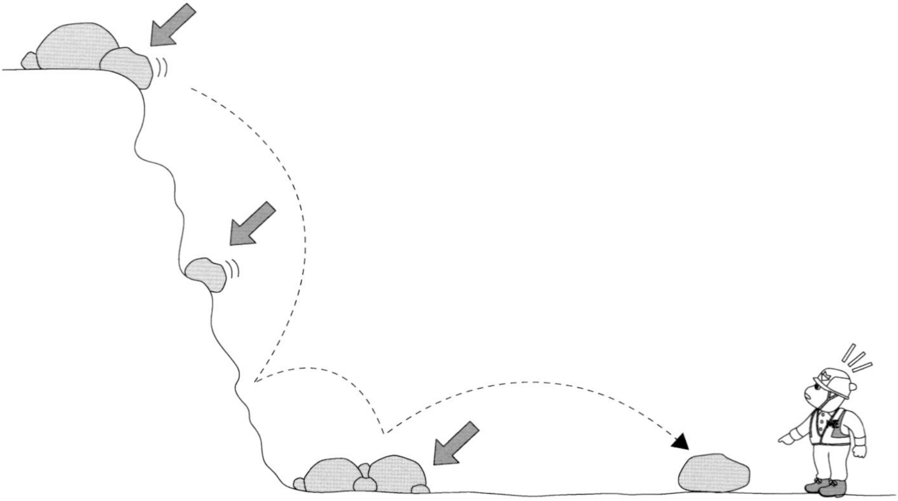

落石は、崩壊の前兆であることが多いので、発生源である上部斜面を注意して点検しよう。

8　のり尻のにごり水 斜面崩壊の恐れあり

のり尻に濁った水が出ている場合は、上部斜面等での崩壊や地すべりの兆候かもしれないので、注意して点検しよう。

9　谷側斜面にも注意しろ

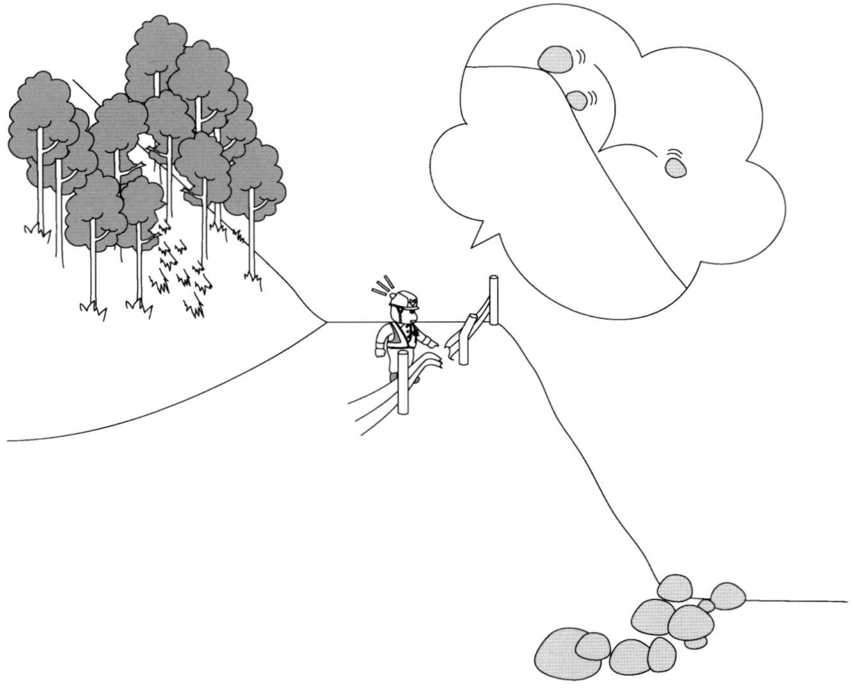

斜面反対側の路側には、過去の落石の痕跡（落ちた石の存在、路肩舗装の破損跡など）が見られることがある。河岸の露頭が、岩盤か土砂かを見分けることで、過去の崩壊や地すべりを見出せることがあるので、斜面だけではなく、路側の広い範囲を点検しよう。

10 樹木の立ち枯れ
地すべりや崩壊の兆候の恐れあり

樹木の立ち枯れが線状に見られるときは、斜面にクラックが発生していることがあり、地すべりや崩壊の危険があるので注意しよう。

1　切り盛り境は要注意

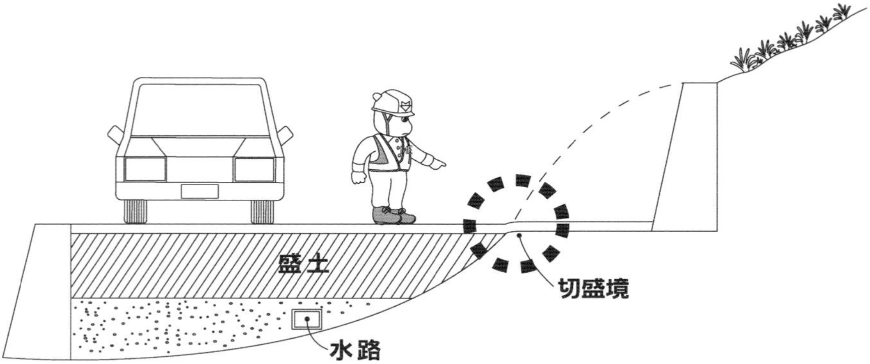

片切り片盛り区間の盛土は、沈下や地震時のすべりの温床なので、とくに注意して点検しよう。

2　まず盛土のり肩に注目を

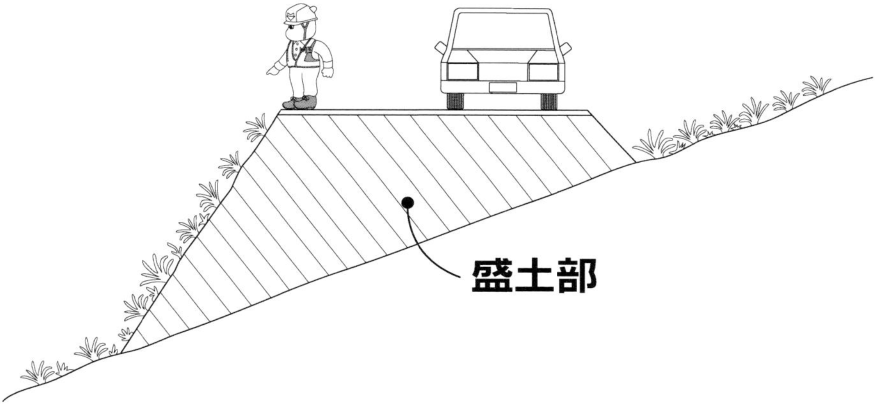

変状は、盛土ののり肩に現れることが多いので、まずここから点検しよう。

3　のり面のはらみ出しには要注意

のり面のはらみ出しは、盛土内に浸入した水によって盛土が脆弱化し、変状が生じている危険性があるので注意しよう。

4　路面のクラック　たわみは要観察

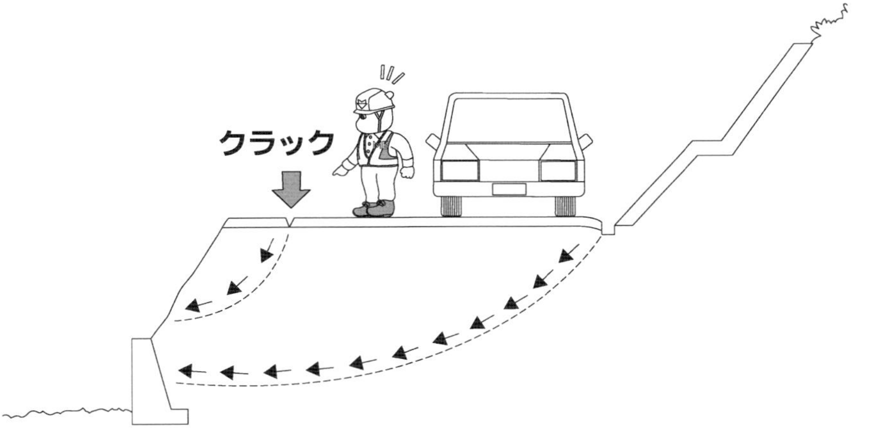

のり面の変状や、その周辺の状況を観察して、盛土の決壊や陥没に繋がる危険性がないか点検しよう。必要に応じて、２次元表面波探査などで地盤の緩みを調査しよう。

5　濁り水　すべりの前兆要注意

濁った水が観察されると、崩壊が近いことを表していることもあるので、注意して点検しよう。

6　湧き水位置は要注意

盛土内の水は排水させよう。湧水の位置が盛土内の地下水位を表している場合には、降雨や季節によって位置が(高く)変化することが考えられるので、湧水後やのり面の緩みの範囲を探り、盛土の安定に影響を及ぼすかどうか検討しておこう。

7　のり面の洗掘痕　排水不良

のり面の洗掘は、排水溝の機能が損なわれているか、排水施設が不足しているかのいずれかなので、洗堀痕には注意が必要。地表からの浸水は、盛土の健全性を損なう危険があるので点検しよう。

8　排水溝の目詰まり溜り水　至急撤去

排水溝の、目詰まり溜まり水は、放置せずその場で掃除しよう。土砂が堆積している場合には、その原因を含めて、至急対策をとろう。

9　排水溝への集水状況を要確認

雨天時には、排水状況を確認し、排水溝まで水が吐けているか確認しよう。

10 河川もしくは海岸に面した盛土要注意

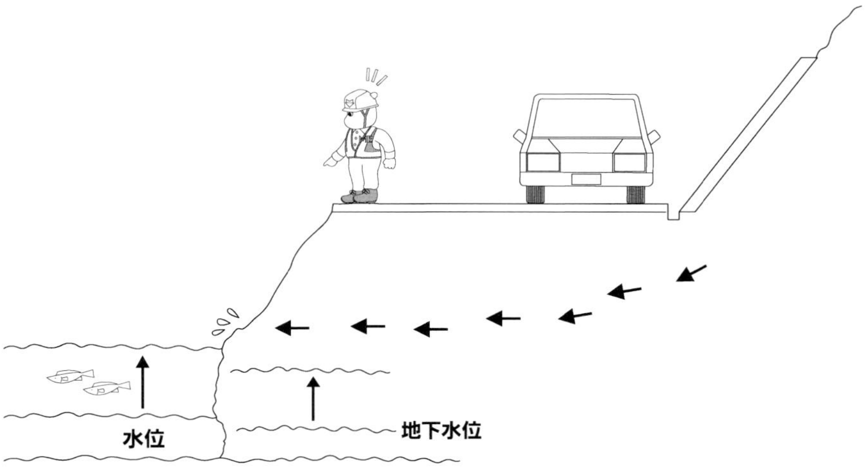

地下水位の変動が盛土に影響するような箇所では、盛土が「吸出し」や「コラープス」により脆弱化している可能性があるので点検しよう。

3 切土点検十訓

1 切土の点検　まず身なりから

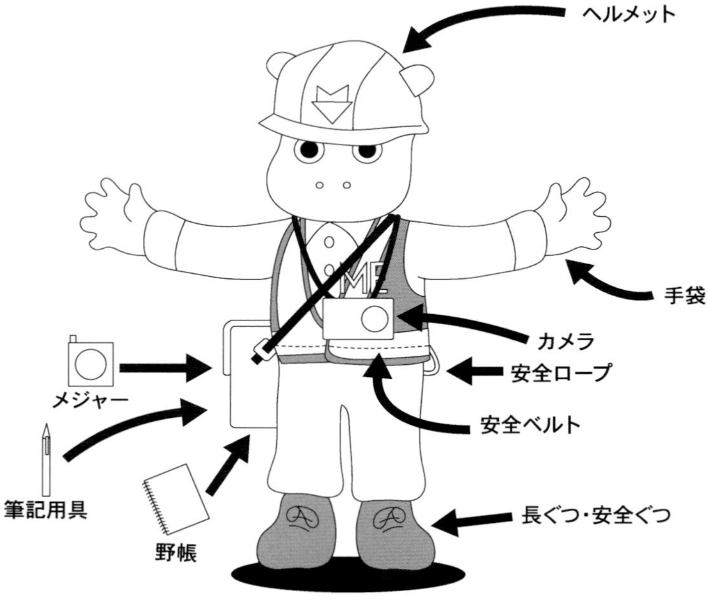

点検作業は足場の不安定なところが多く、危険を伴う。点検に出かけるときは身軽で安全な服装をし、野帳、カメラ，双眼鏡など最低限の点検用具を携帯しよう。

2　切土の点検　のり肩歩け

のり肩付近のクラックは、大崩壊につながるので、のり肩を歩いて点検することが大切。例えば、小段のオープンクラックなどは、上から見下したほうが確認しやすい。

3　切土点検　上りはミクロで下りはマクロ往路と復路はおなじ路

上りでは、小さな変状や保護工の老朽化などに近づき、ミクロな目で点検しよう。下りでは、地形や地質、全体的な植生状況などを、マクロな目で点検しよう。また、一方向からの点検では、変状の種類や規模がわからなかったり、太陽光などの具合で変状を見落とす可能性もあるので、往路と復路は同じ路を通ることを心がけよう。

4　のり肩後背地
もうひと踏ん張り点検すべし

のり肩の後背地には、小さな沢（涸れ沢）が隠れているあることがある。集中豪雨時には、大量の水や土砂を集めて災害を招くため、沢地の洗掘や土砂堆積状況を確認しよう。宅地造成や森林の伐採が行われ、切土面の近くまで来ていることもあるので、集水面積の変化や流末排水能力については十分に注意しよう。のり肩上方の背後地も確認しておこう。

5　盛土下の切土
切土上の盛土には要注意

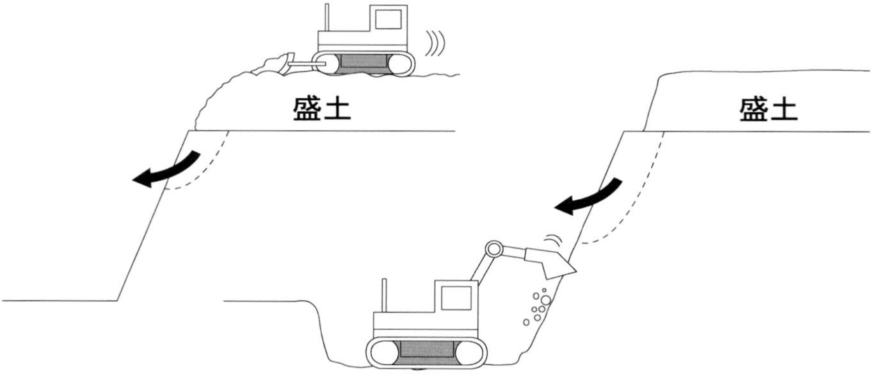

切土は、受働土圧が減少することで斜面を不安定化させる。盛土は主働土圧が増加することにより斜面を不安定化させる。両方が重複すると不安定化を倍増させるので注意しよう。

6　ガリー浸食　災害まねく

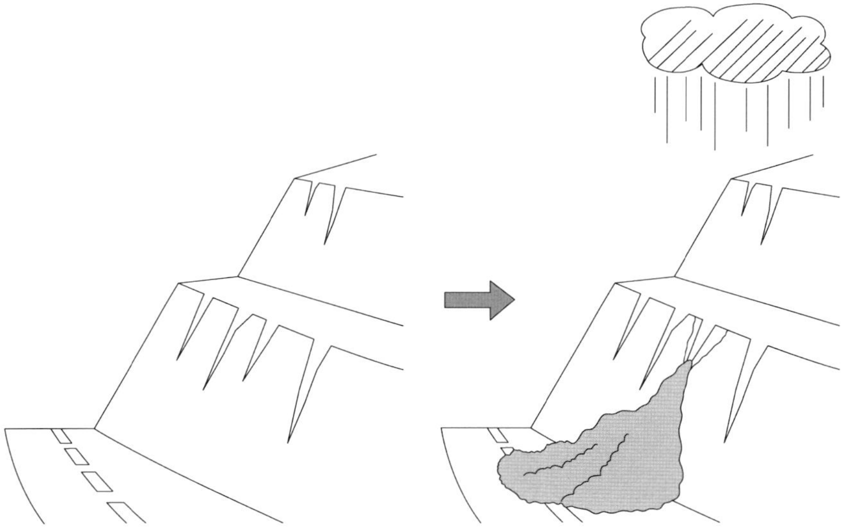

のり面にできたガリー浸食は、放置すると、豪雨の際にそのみずみちが拡大され、のり面崩壊の原因になるので、早期に土質・排水などの不具合を修復しよう。

7　湧水と引張り亀裂　はらみを確認

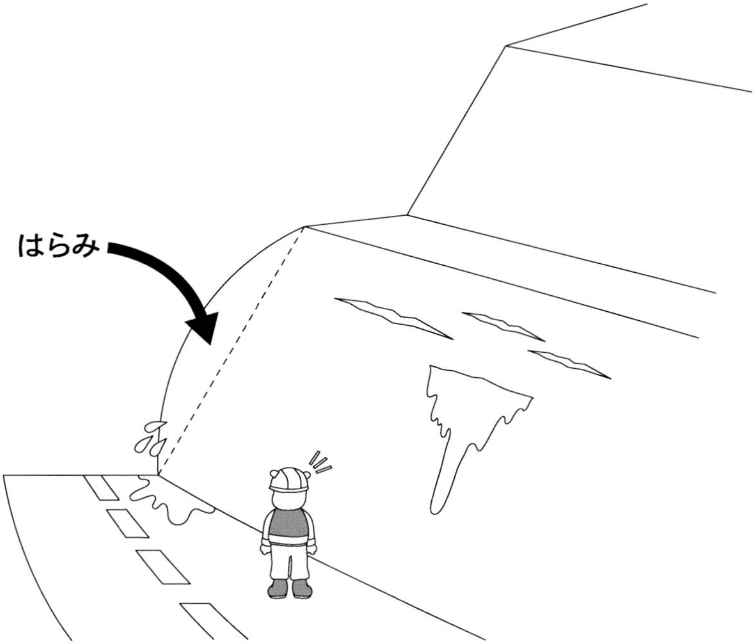

のり面が凸部になった下部から湧水があり、凸部の上部に引っ張り亀裂があるときには，のり面のはらみがないか確認しよう。

8　冬でも緑は危険サイン

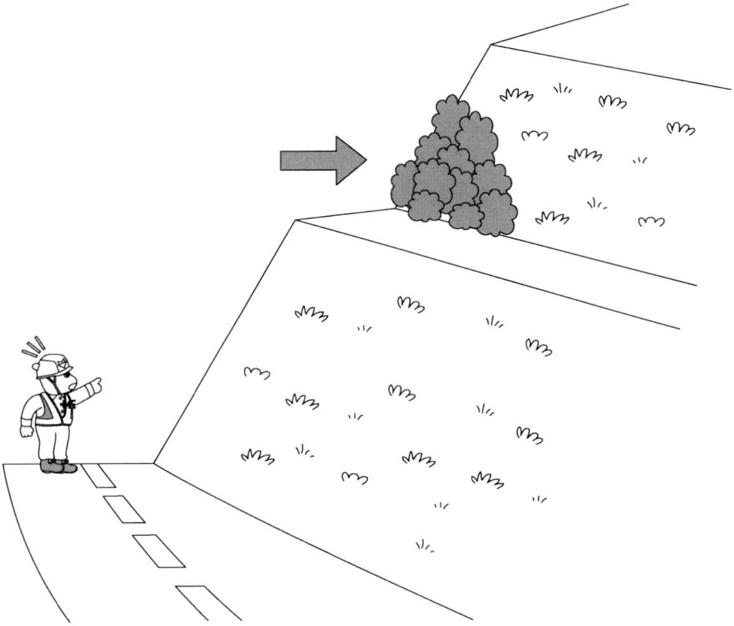

植生の緑が濃い部分は、地下水の水位が高いか、浸出していることが考えられるので、集中豪雨時などにはとくに注意しよう。

9　のり面保護工　劣化に注意

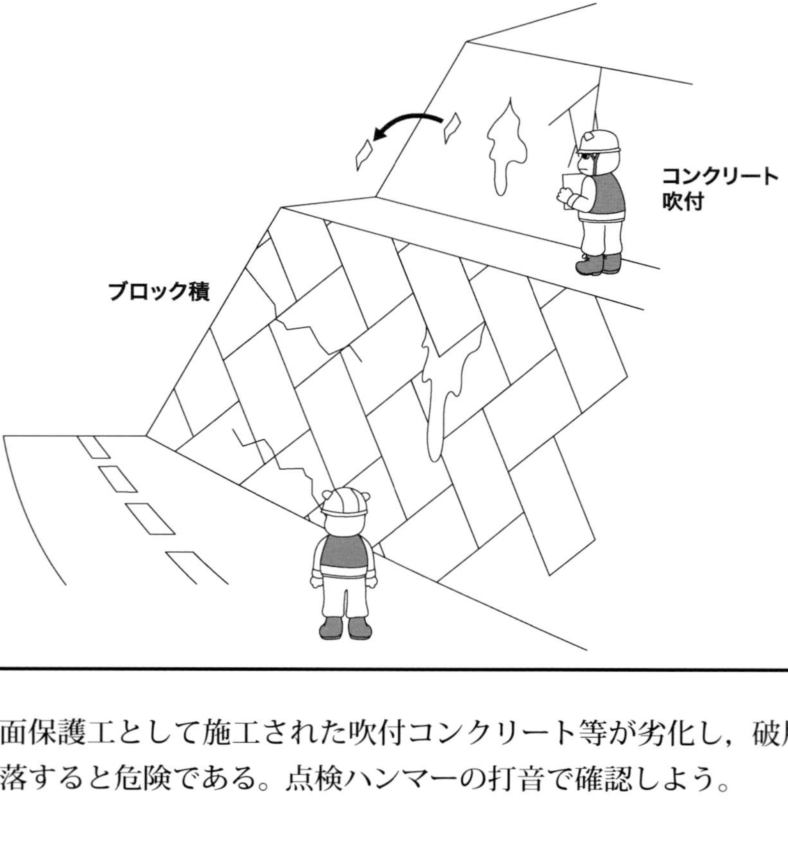

のり面保護工として施工された吹付コンクリート等が劣化し，破片が欠落すると危険である。点検ハンマーの打音で確認しよう。

10 前科ある切土のり面　要注意

切土のり面の崩壊は完全に防ぐことはできないので、以前崩壊した箇所や、その隣接部はとくに注意して点検しよう。復旧にあたっては、地質や地形、地下水など、潜在的な崩壊の原因を除去することに留意しよう。

1　小石パラパラ崩壊近し

大きな落石や斜面崩壊の前には、小石の落下など小さな前兆現象が生じることがある。この前兆現象を見逃さないよう、とくに注意して点検しよう。

2　点検は雪解け頃を狙い打ち

寒冷地の落石は、季節的には1～４月、時間的には10～12時に多く、気温の上昇に関係している。この時期に点検を実施して、状況をできるだけ把握しておこう。

3　前科は素因の印　落石は繰り返す

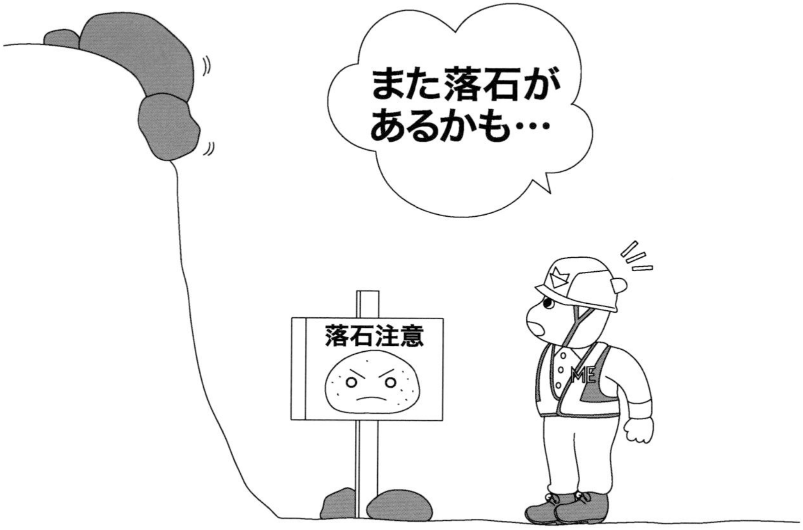

落石は、降雨，地震，強風時に発生することが多いが、時間をおいてからも発生するため予知は困難である。しかし、１度あった落石は繰り返すことを知れば防災につながるので、過去からの記録も確認しよう。

4　軟岩や転石周りの洗掘注意

水の流れ方と落石には関連がある。斜面の土質が弱ければ、浸食されて埋まっていた石も落ちてくることを知っておこう。

5　硬岩の開いた割れ目に注意

亀裂のある硬岩・中硬岩は落石になる可能性がある。浮石の不安定度の把握には、亀裂観察が基本である。

6　受け盤か流れ盤か それを見極めて

岩盤節理の方向と崩壊挙動には関連性がある。トップリングは気づきにくく、流れ盤はいつでも、受け盤はふいに動くことを知っておくと防災に役立つ。

7　至るところに 落石の証拠あり

道路に転がっている石だけでなく、落石痕の観察が重要である。落石の跳躍量や落下速度、運動エネルギーを推測できるので、落石痕は注意して観察しよう。

8　岩壁や斜面は 遠方からも見る努力

遠くから見ないと予想できないマスムーブメントもあり、落石経路も把握できる。岩盤や斜面の点検には、遠方観察が大切である。

9　ひび割れ　目視で変状察知

接着目地工や吹付コンクリート工のひび割れ観察は、目視で変状を見極めることが重要である。

10 擁壁と柵やネットのポケットチェック

防護擁壁の背後のポケット、ロックネットの背後にたまった土砂の変化をチェックし、可能な範囲で除去もしておこう。

1　護岸背面 歩いて きちんと確認を

背面地盤の沈下は、背面土砂の流出によるものであり、護岸倒壊の危険性がある。護岸の背面地盤に陥没等がないか点検しよう。

2　護岸のはらみは 倒壊の兆候

勾配の異常は、過大な土圧や水圧が作用している可能性がある。はらみや前方への転倒など、護岸勾配の異常を点検し、護岸機能の健全性を確認しよう。

3　河床に注目
基礎は しっかり隠れている?

護岸の基礎が露出していると、護岸倒壊の危険性がある。また、えん堤基礎部より水が流出している場合には、基礎地盤の抜け（空洞化）の危険性がある。過度に河床が洗掘されていないか点検しよう。

4　クラック 漏水 危険あり?

漏水があれば護岸背面に地下水(みずみち)があり、護岸に悪影響を及ぼしている可能性がある。護岸に、亀裂・クラック・漏水がないか点検しよう。

5　見た目よくても 叩いて確認

護岸ブロックに背面空洞化が起きていないか、木槌などで叩いて点検しよう。

6　落差工 水の流れの重要関所

落差工は、河床勾配が変化する箇所にあるため、変状が起きやすいので注意して点検する。とくに水叩きには大きな力が作用するので、コンクリートの欠損・剥離がないか注意しよう。

7　小さな変状 見逃すな
そこから始まる 大きな変状

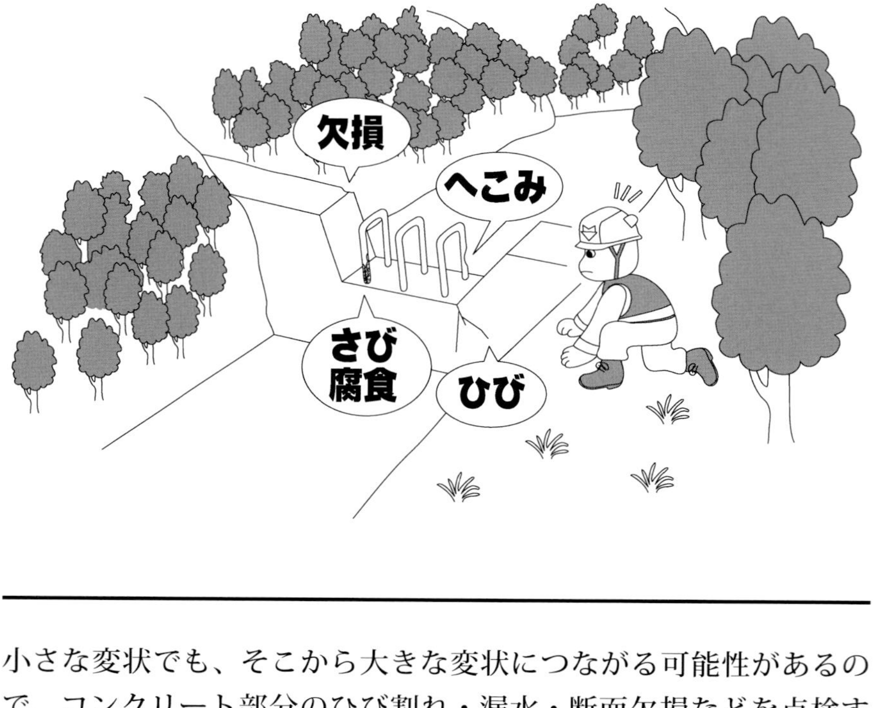

小さな変状でも、そこから大きな変状につながる可能性があるので、コンクリート部分のひび割れ・漏水・断面欠損などを点検する。鋼製えん堤では、鋼部材の変状（へこみ・曲がり・裂傷・錆・腐食など）を点検しよう。

8　えん堤の 打継目は 大丈夫?

施工時にできたものか、変状によるものかを判断することが重要なので、コンクリート打継目のずれを点検しよう。

9　過剰な堆積 えん堤機能の限界か?

えん堤背面の堆砂状況を点検しよう。過剰堆砂であれば、えん堤としての機能が発揮されないため、過剰な土砂を撤去しよう。

10 周辺の 山と草木も 砂防施設

施設周辺の地山の抜け落ち・地すべりおよび植生状況を点検しよう。地形の変化により、大量の土砂流出につながる危険性や、設計上の想定流域の変更が必要となる可能性がある。

1　危険箇所 洪水を機に把握せよ

危険箇所は、洪水時中、洪水直後が最もわかりやすい。このときにどこがどう危険であるかを把握することが、その後の適切な点検や水防活動につながる。

2　草刈り後は 点検のチャンス

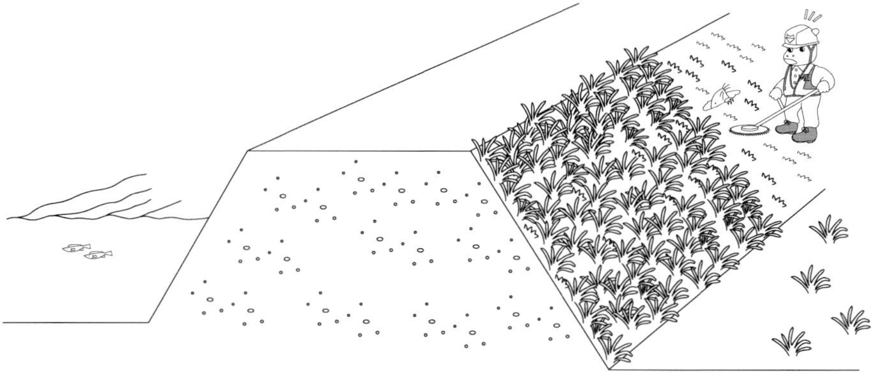

普段の草刈作業は、環境整備のためだけではない。草などで見えない堤体を点検するために実施していることを、常に心がけておこう。

3　深掘れも 放っておくと 護岸崩壊

深掘れを放置すれば、そこからさらに侵食が進行し、護岸崩壊や堤体の侵食につながる恐れがあるので、注意して点検しよう。

4　天端のクラック 要注意

天端の亀裂は、堤体内のすべりによって発生している可能性があり、雨水の浸入によって堤防の弱体化を招くことになるので、注意して点検しよう。

5　のり面の 亀裂はらみは すべりのサイン

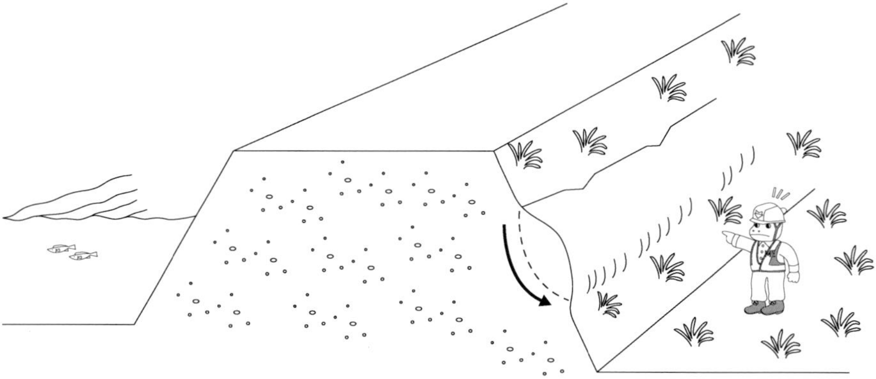

のり面の亀裂・はらみは、堤体内のすべりによって発生している可能性がある。出水によってこれらが助長され、堤防の決壊につながる可能性もあるので、点検の際には、その兆候を見逃さないようにしよう。

6　のり尻の湿りは パイピング予備軍

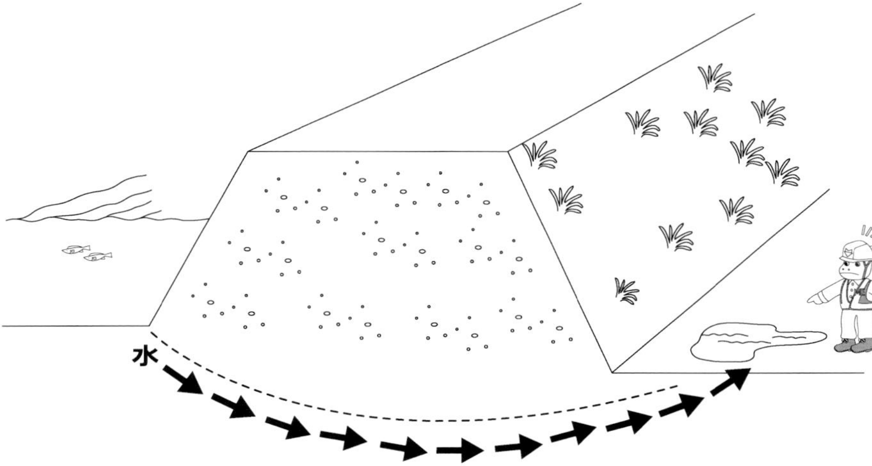

のり尻付近の湿り気は、地盤内にみずみちの存在を示している可能性がある。洪水時にはパイピングが発生する恐れがあるので、注意して点検しよう。

7　構造物とのさかいは 要注意

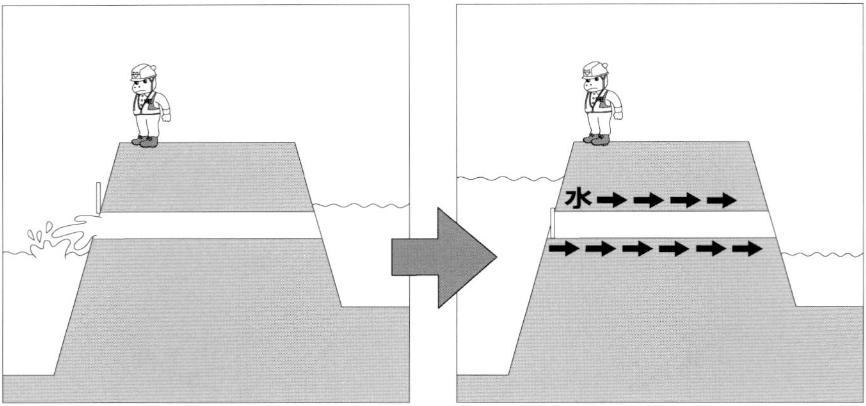

樋門や樋管などの構造物がある付近では、堤防に空洞などが形成されやすく、弱点となる可能性があるので、注意して点検しよう。

8　堤内の隆起・陥没・噴砂がサイン

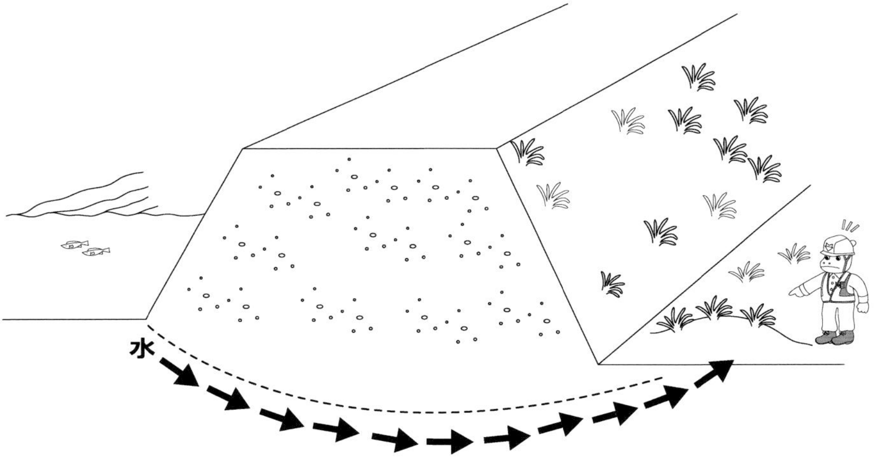

地盤内にみずみちが形成されていると、洪水時に河川水がみずみちを通って浸透し、堤内の地盤に隆起や陥没、噴砂を起こすことが多いので、よく点検しよう。

9　いつになっても痛む古傷

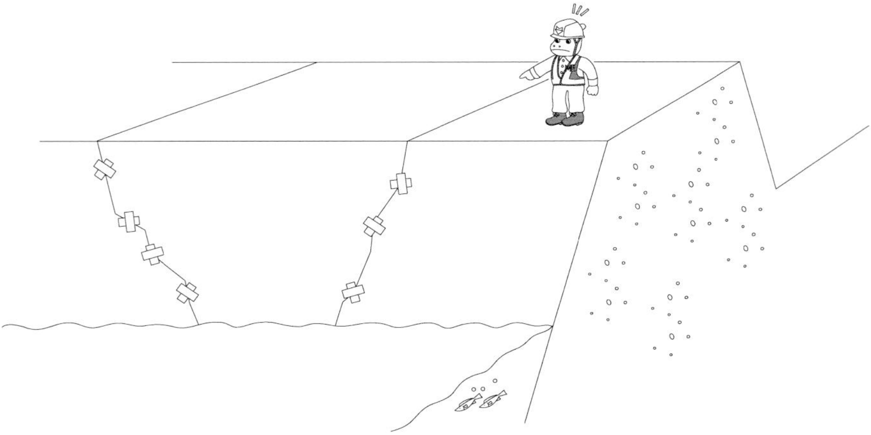

過去に被災した箇所は、大きな外力が作用する箇所であったり、地盤が弱い箇所であり、災害を繰り返す可能性が高い。このため、被災履歴を十分把握しておこう。

10 歴史が教える 危険箇所

旧河道、旧川微高地、落堀、旧落堀など、治水上注意が必要な地形は、古い地形図などを参考に、把握しておこう。

7 擁壁点検十訓

1　点検は 擁壁背後の地盤から

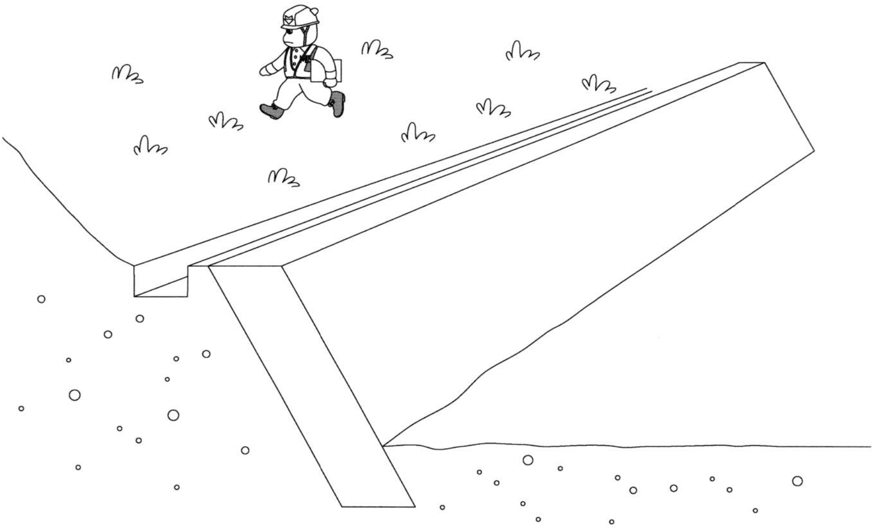

擁壁背後の地盤には、亀裂や沈下・段差などの変状が発生していることが多いので、念入りに点検しよう。

2　擁壁の前面掘ると 壁すべる

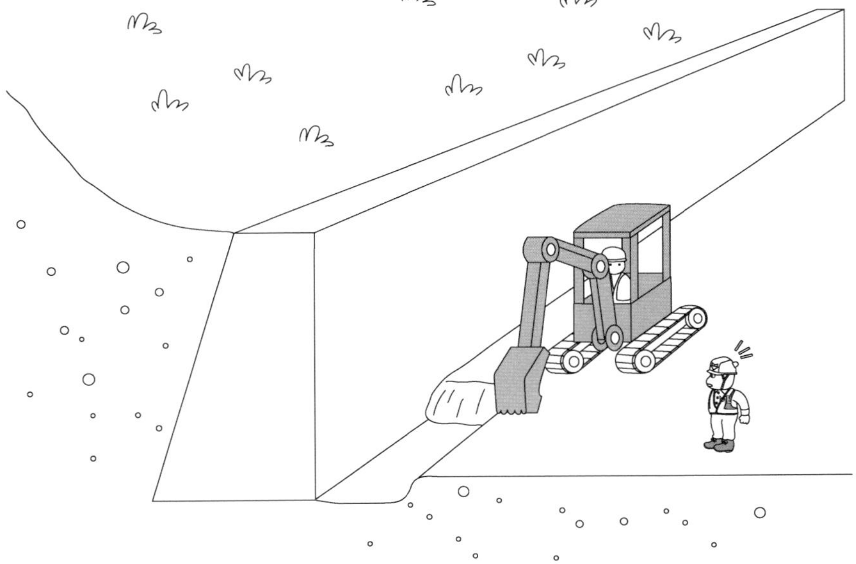

擁壁前面の地表面が洗掘や掘削されると、受動抵抗を失って滑動することがあるので注意しよう。

3　目地の段差は 支持力不足

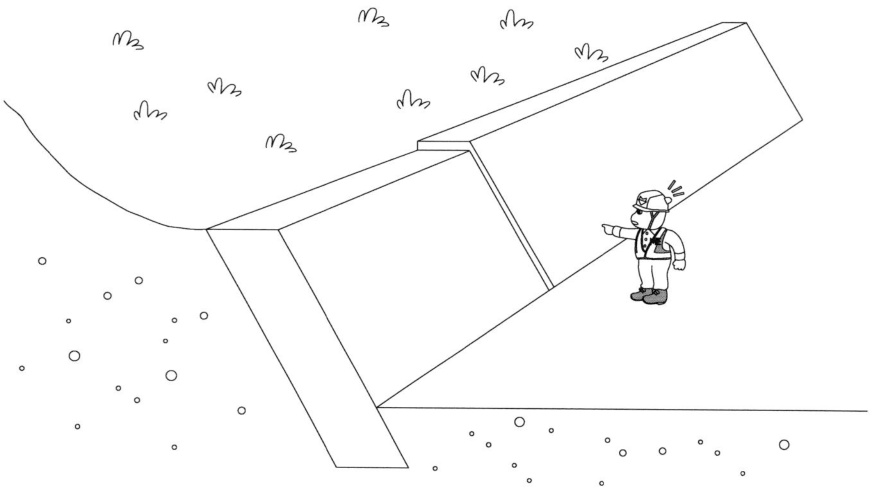

支持力が不足していると、目地部にずれや段差を生じることがある。施工時に生じている場合もあるので、進行性かどうかを調べよう。

4　擁壁のはらみ出しは 過大な土圧

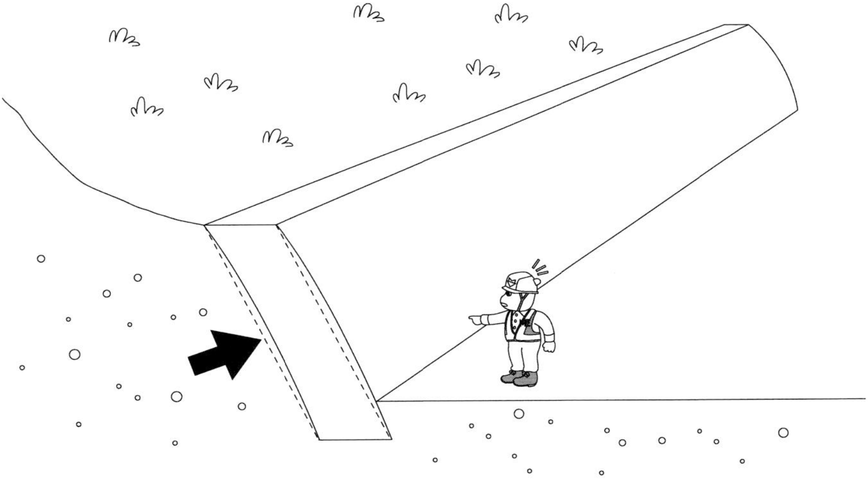

ブロック積擁壁等に過大な土圧が作用した場合、はらみ出しを生じることがある。はらみ出しが大きくなると積み石間の結束力が損なわれ、抜け落ち、剥落等に進展することがあるので注意しよう。

5　石積みの胴込め不足は 亀裂あり

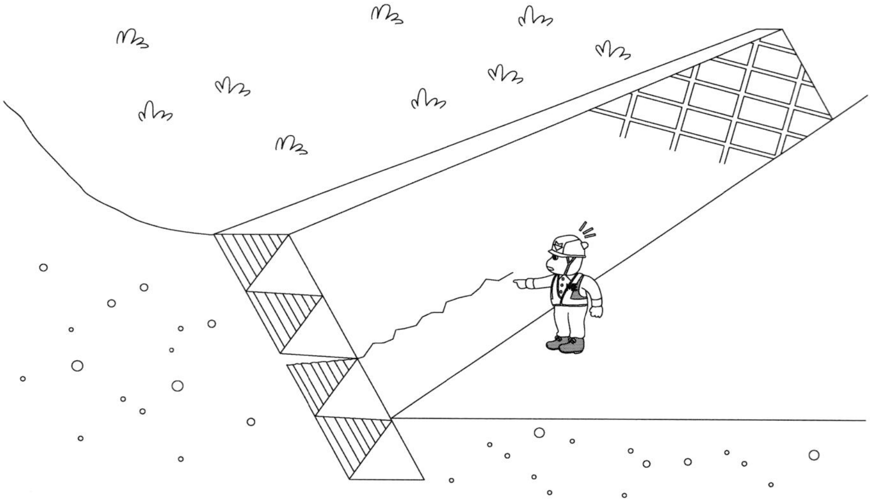

石積み擁壁等で、胴込め不足の場合、亀裂を生じることがあるので、注意して点検しよう。

6　擁壁に 水圧作用は 想定外

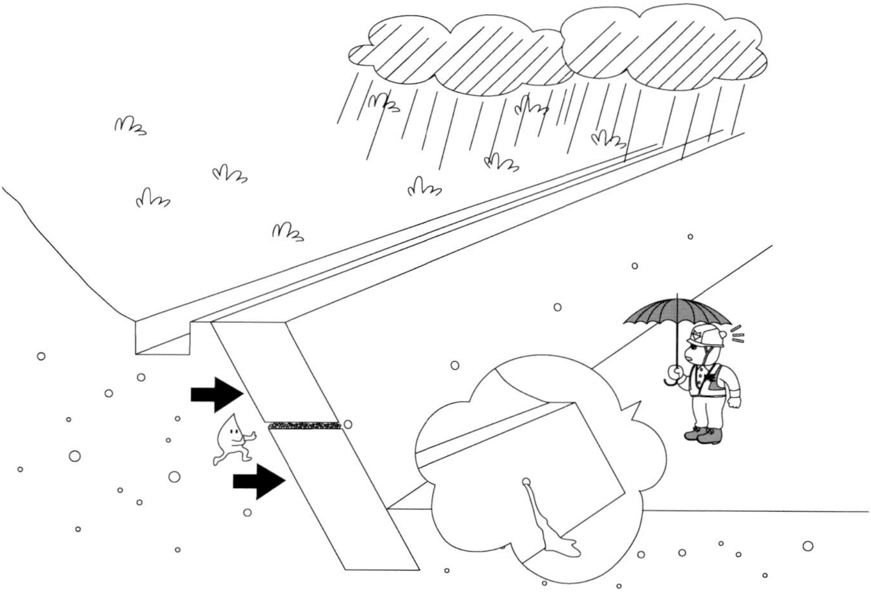

擁壁の設計では水圧を考慮していないので、過大な水圧が作用すると擁壁が転倒する恐れがある。降雨時に、水抜孔から正常に排水されていることを点検しよう。

7　擁壁背後に水を入れるな

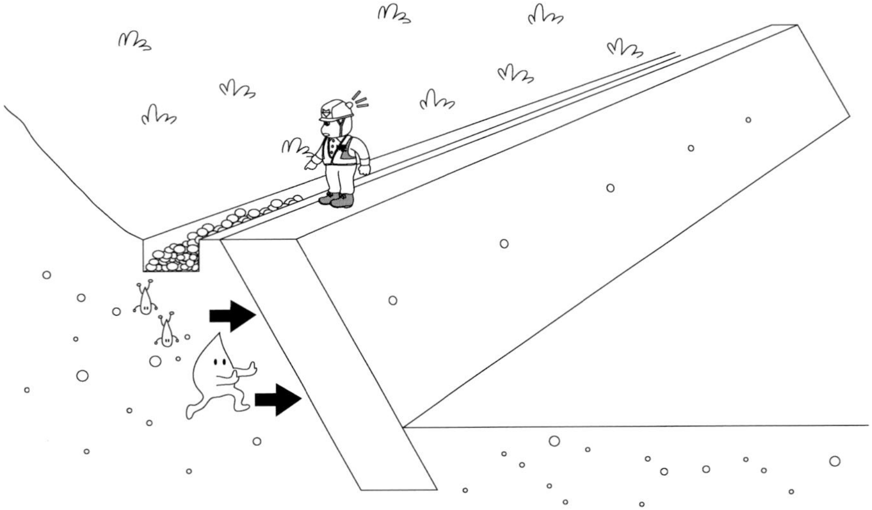

背面地盤に排水施設がない場合や、排水溝に土砂が堆積している場合には、擁壁の背面に多量の水が流入して、過大な水圧が作用することがあるので、注意しよう。

8　気をつけて
化粧モルタルで危険先送り

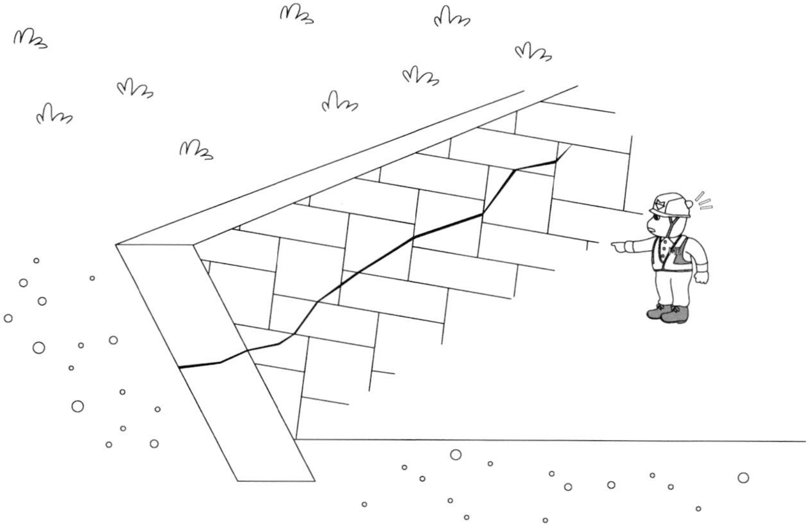

化粧モルタルで補修されている場合には、補修箇所やその周辺に新たな変状が発生していても気づきにくいので、注意して点検しよう。

9　急傾斜 すべり出したら止まらない

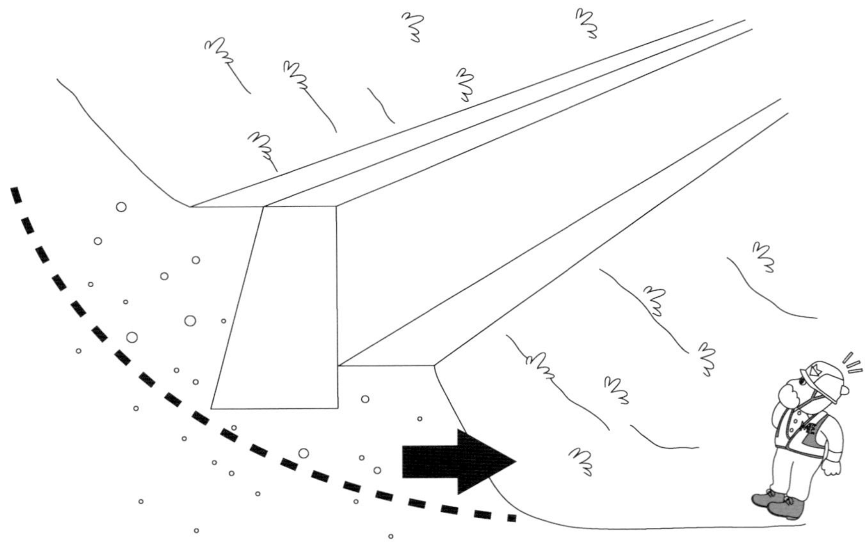

急傾斜地に擁壁が設置されている場合、基礎地盤が円弧すべりを生じ、倒壊することがあるので、注意して点検しよう。

10 擁壁の背後に盛土 これ要注意

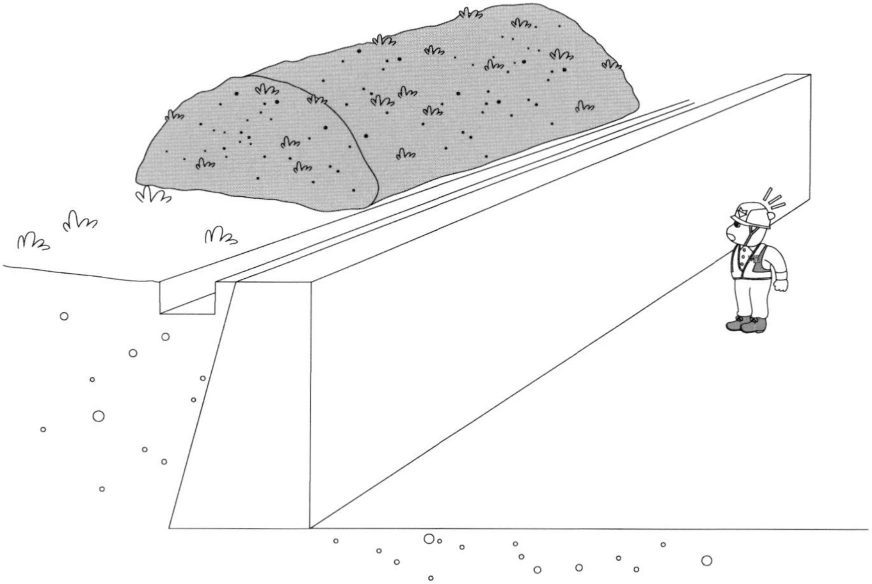

擁壁背後が崇上げ盛土されている場合、想定以上の土圧が作用して不安定になることがあるので注意しよう。

1　岩盤や斜面亀裂は 崩落招く

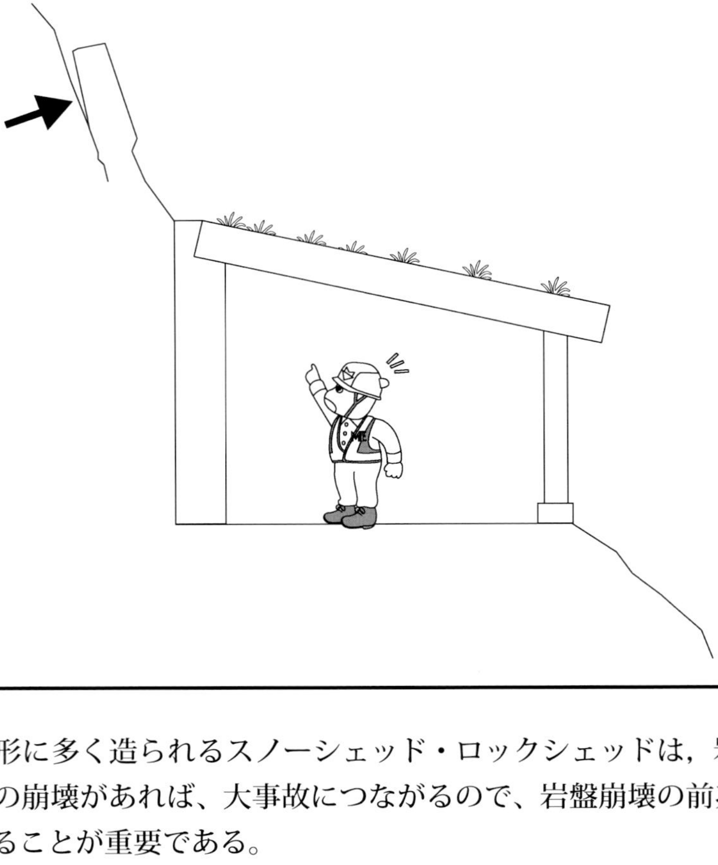

崖地形に多く造られるスノーシェッド・ロックシェッドは，岩盤や斜面の崩壊があれば、大事故につながるので、岩盤崩壊の前兆をとらえることが重要である。

2　屋根上の落石や土砂堆積 洞門壊す

屋根上の落石や崩土の堆積は，その後の落石や崩土に対し構造上の安全性に余裕がなくなることになる。現地の状況を総合的に判断し、できるだけ堆積物は除去しておこう。

3　屋根材の隙間・破損
二次被害に要注意

屋根材に隙間や破損があると、屋根上のクッション材が落下し通行車両等に危害を加えることがある。寒冷地域では、隙間からの漏水で、つららが落下する場合もあり危険であることを知っておこう。

4　コンクリートシェッド
ひび割れ・浮き・はく離に要注意

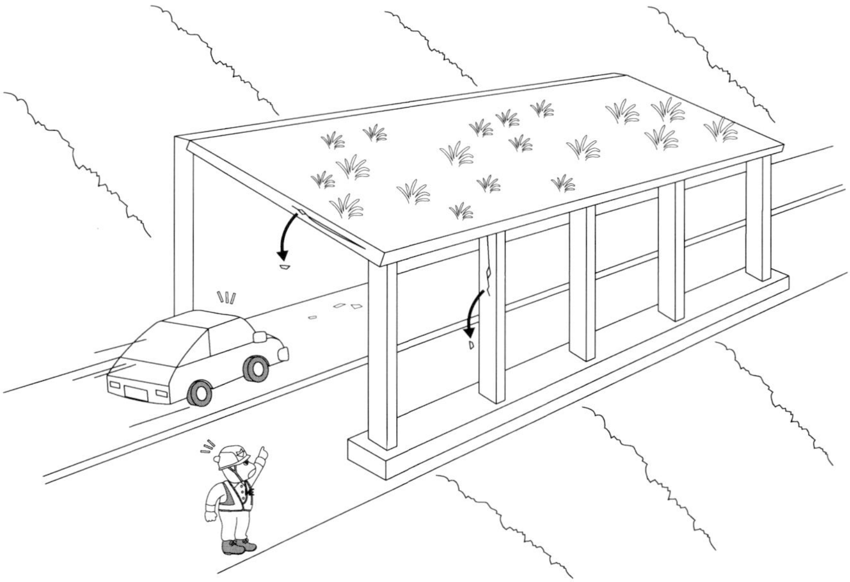

コンクリート製のシェッド類では、ひび割れ、浮き、はく離等の外観的な劣化を点検することが重要である。

5　柱の傾斜 押され・沈みを見て回る

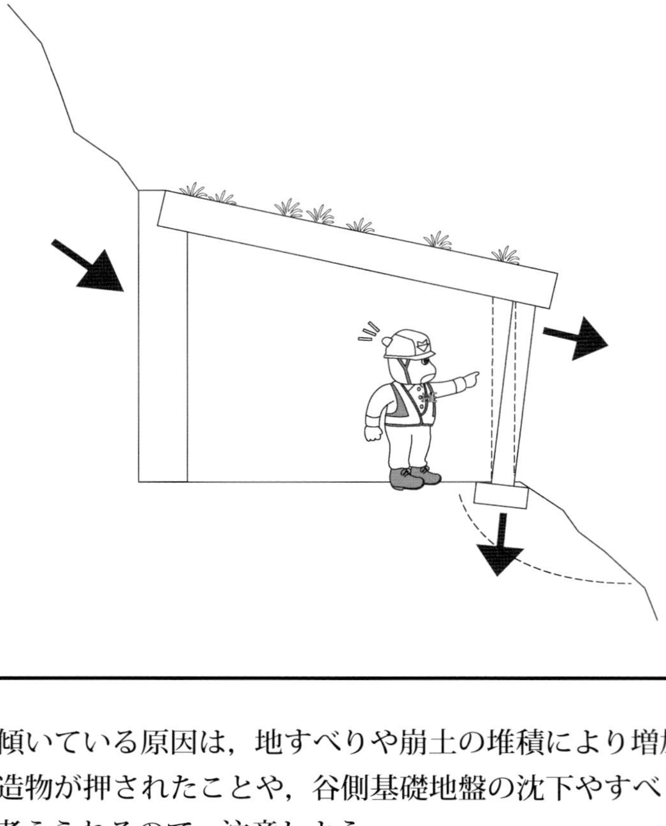

柱部材が傾いている原因は，地すべりや崩土の堆積により増加した土圧で構造物が押されたことや，谷側基礎地盤の沈下やすべり、浸食などが考えられるので、注意しよう。

6　鋼製シェッド 塗装劣化は錆の元
柱の根本要注意

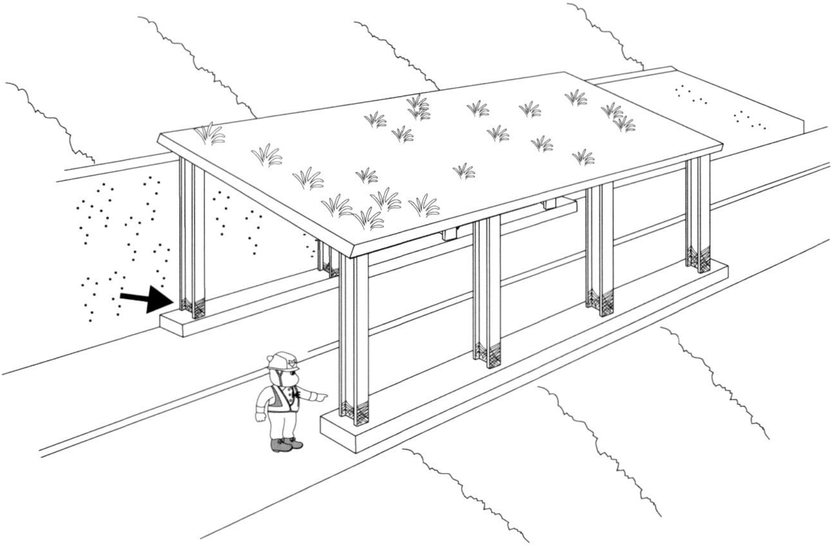

鋼製シェッドでは，柱の根元が錆びやすい。
とくに寒冷地域では、散布された融雪剤が体積することで、その傾向が著しいことを知っておこう。

7　鋼製シェッド ターンバックルのゆるみも確認

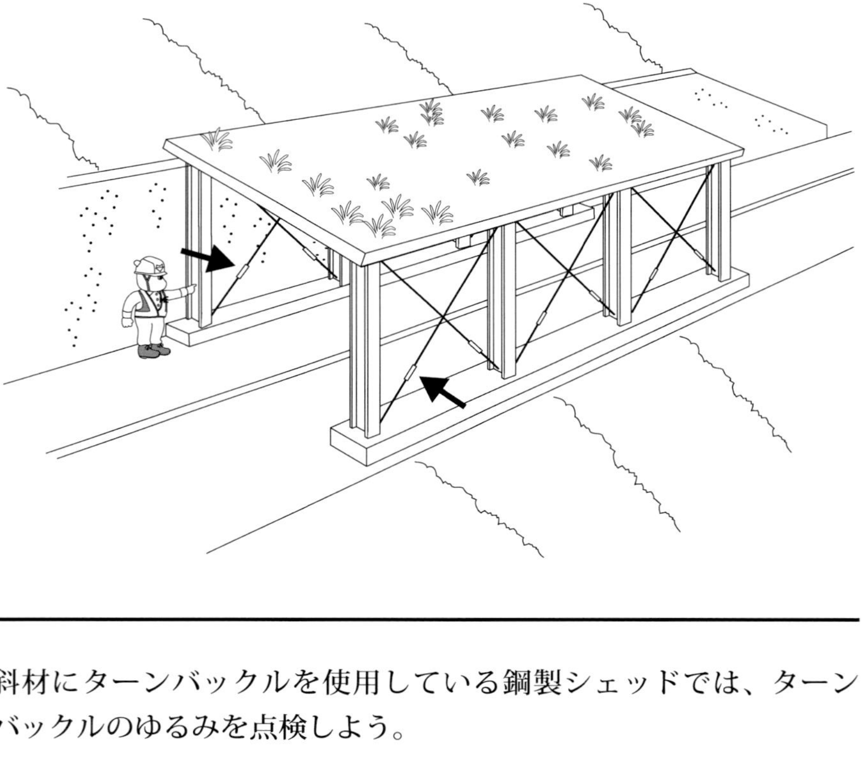

斜材にターンバックルを使用している鋼製シェッドでは、ターンバックルのゆるみを点検しよう。

8　支柱と基礎
接合箇所のアンカーチェック

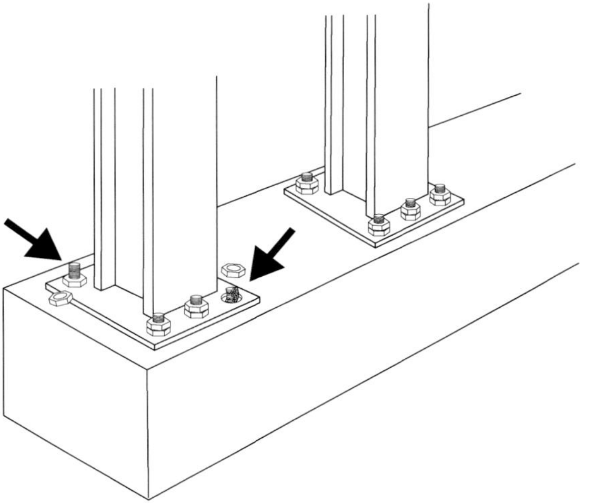

支柱と基礎との接合部のアンカーボルトに、変形や破断、錆等がないかを点検しよう。

9　基礎の浮き
地盤のゆるみ下見て点検

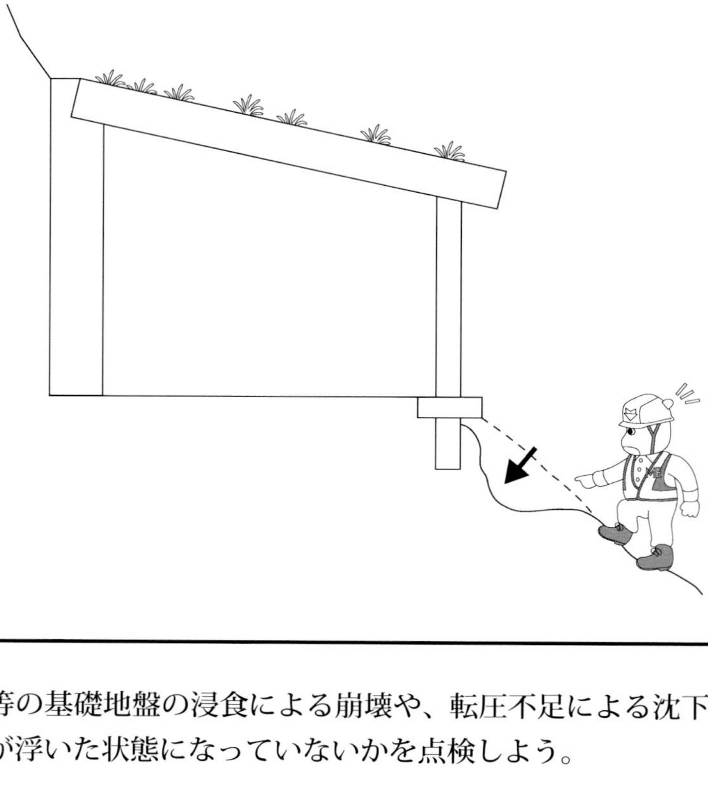

谷側等の基礎地盤の浸食による崩壊や、転圧不足による沈下等で、基礎が浮いた状態になっていないかを点検しよう。

10 水抜き管 水は止めずに跳水防止

水抜き管による排水対策は、地山の水圧減少に有効である。しかし、水が車道まで飛び出し、スリップの原因になることもある。

1　点検は 既存の資料で事前の準備

暗い坑内、しかも通行規制を伴う限られた時間内での点検作業では、不具合の見逃しを防ぐための事前準備が重要である。点検前に、設計図書、過去の点検記録等の既存資料等の施設の情報を整理しておこう。

2　点検は
マスク・ゴーグル・チョッキ着て

マスク・ゴーグル・チョッキは、点検者の安全を確保するための最低限必要な保護具である。高所作業車に乗って点検作業を実施する場合には、必ず安全帯を使用しよう。

3　点検は
トンネルの生い立ち考慮して

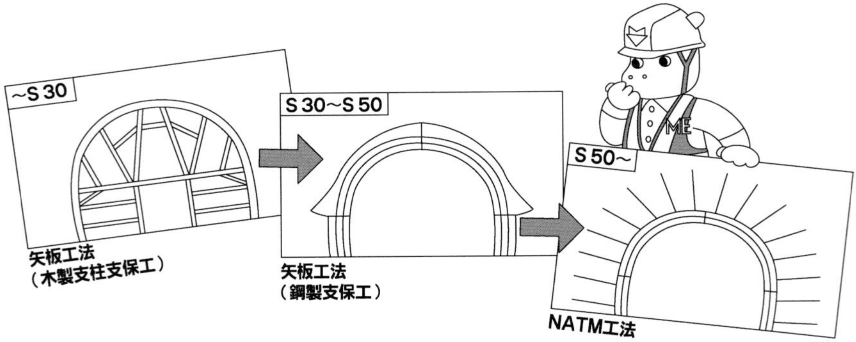

トンネルの設計法、施工方法は、時代とともに変化してきた。施設建設当時の設計法、施工方法に関する特徴や、これまでの補修・補強履歴を事前に調査し、不具合が発生しやすい箇所を重点的に点検しよう。

4　外力の兆候理解し ひび割れ判定

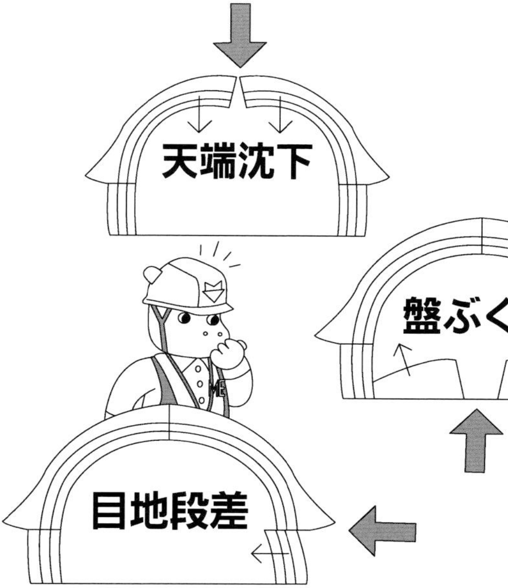

外力による変状形態は、偏土圧・地山の緩み・支持力不足・水圧等の原因ごとに特徴が異なるので、それらの特徴を事前に把握した上で点検しよう。

5　はく落は 潜む箇所からまず点検

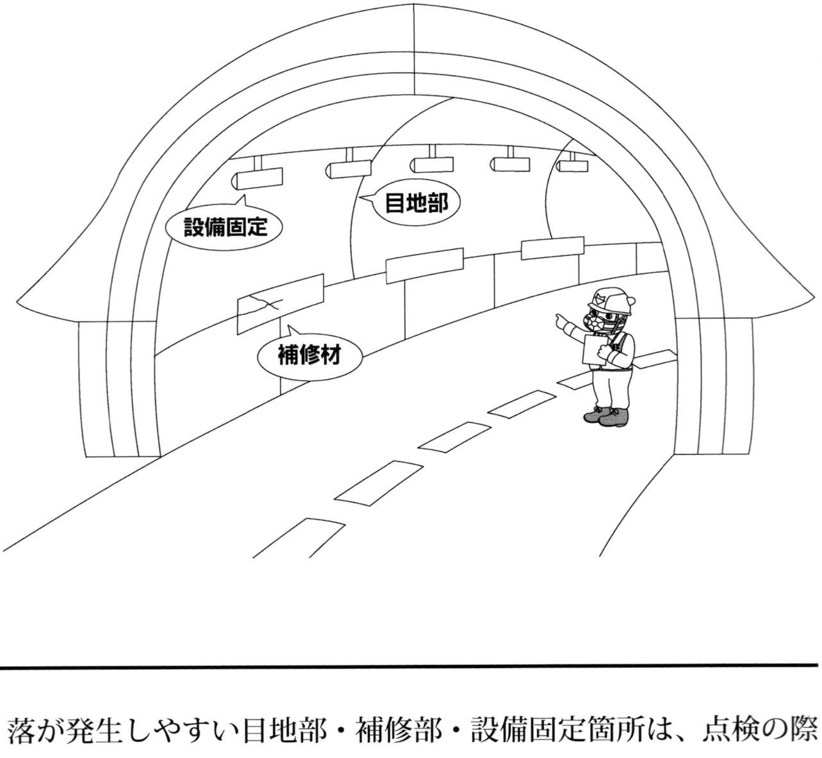

はく落が発生しやすい目地部・補修部・設備固定箇所は、点検の際にはとくに注意して点検しよう。

6　浮き・はく落は目視に頼らず打音で判定

浮き・はく落の点検では、目視のみで変状を判定せず、健全部の打音との違いを比較する打音検査での判定が基本である。

7　漏水は 点検時期で量変化

漏水量は、点検時の天候や季節の違いにより変化することがあるので、漏水量の増加を、ただちに変状の進展とは判定できない。日常点検の結果も踏まえて、その要因を把握することが重要である。

8　坑口周辺の山を診ろ
斜面変状・落石確認

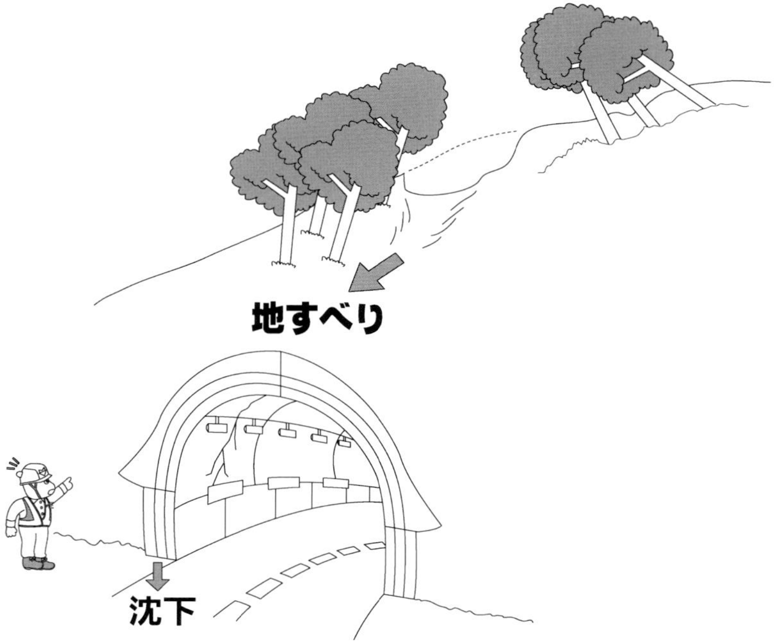

坑口部は、低土被りで未固結地山の場合が多く、降雨や地震などの外力による変状が発生しやすい。坑口付近の履工等に外力起因の変状が確認された場合には、地すべり・落石・地盤沈下等の周辺地山の変状の有無を確認しよう。

9　適切な叩き落しで安全確保
応急対策要否を判断

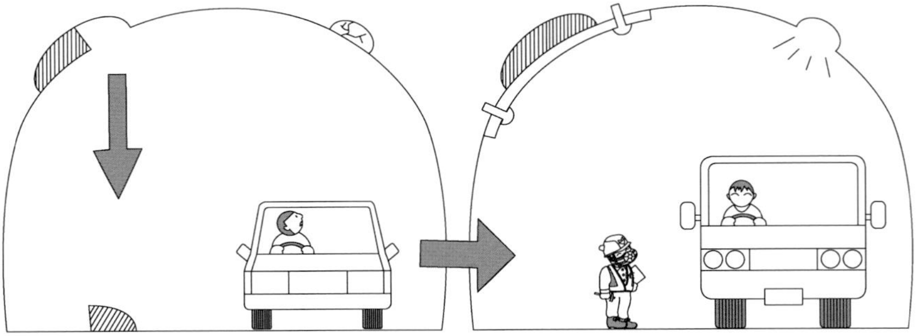

浮き・はく落の発生箇所は、まず応急措置（叩き落し）で第三者の安全を確保することが最も重要である。ただし、点検時の応急措置には限度があり、必要に応じ金網工・ネットなどの応急対策の要否を判断しよう。

10 叩き落し 通行者への飛散に注意

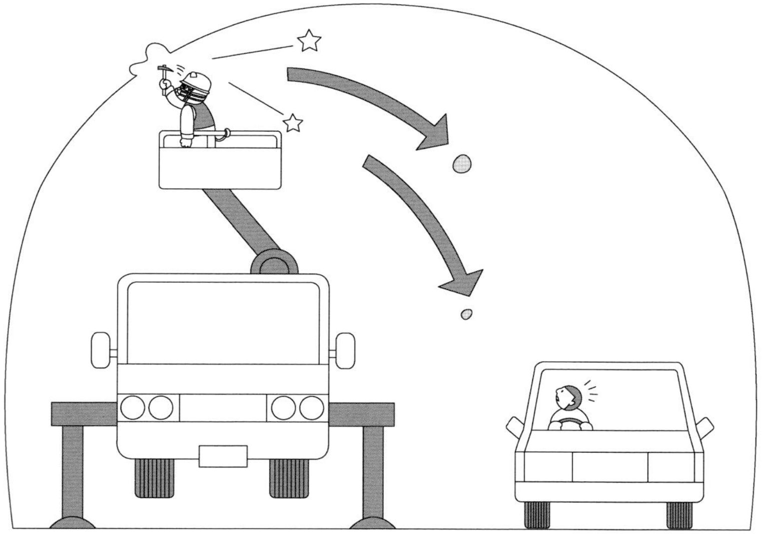

応急措置を実施する際にも、第三者災害を防止するために、飛散防止措置や交通誘導員の配置、通行規制等の第三者への安全対策をきちんとしよう。

1　穴ぼこは 早く直して 安心安全

穴ぼこは、放っておくと管理瑕疵に繋がる事故を誘発したり、舗装面の下の部分を痛めることがあるので、早めの対処が必要である。

2　二輪車の眼で観て 確認しよう 通る道

四輪では気付かないわだちや段差も、二輪車で走れば気が付くことがあることを知っておこう。

3　走らずに 歩いて観よう ゆっくりと

ゆっくり歩いて見ることにより、歩道部はもちろん、車道部についても問題点に気が付くことを知っておこう。

4　雨天時に 水の流れと水溜まり

雨天の日の点検は、水の流れと水溜まり状況が確認できるだけではなく、車両や歩行者への障害も判断できる。また、排水性舗装の効果も確認することもできる。

5　縦にクラック
重車両や埋設物の仕業かも

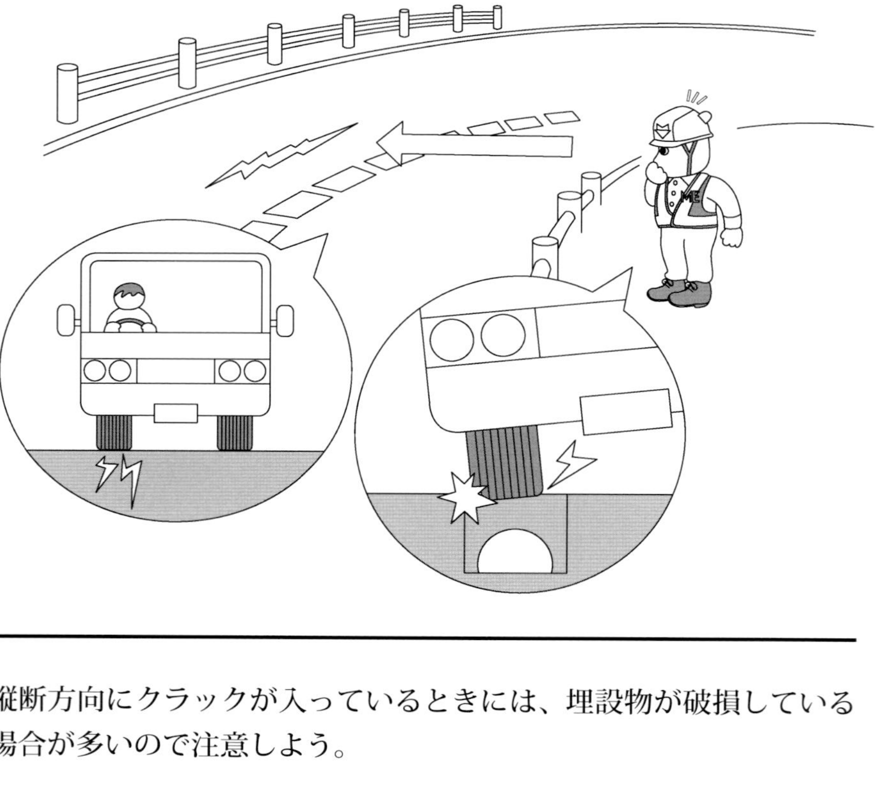

縦断方向にクラックが入っているときには、埋設物が破損している場合が多いので注意しよう。

6　くもの巣クラック
きっと末期だ 下から打ち換え

くもの巣状のクラックは、舗装の末期状態である。下の部分からの打ち換え施工が必要である。

7　段差の確認 空荷のトラック通過時で

舗装と伸縮装置との段差や、舗装自身にできた段差など、目で見ても分かりづらい小さい段差は、空荷のトラックが通過する時に出る音で確認できることを知っておこう。

8　歩道部は
乗り入れ箇所との段差に注意

高齢の歩行者や自転車は、小さい段差でも転倒することがある。段差ができやすい、乗り入れ部や交差道路との切れ目はとくに注意しよう。

9　橋面舗装 クラックあったら床版危険

橋面舗装のクラックは、そこから水が浸透し床版を痛めている恐れがある。床版防水が施工されている場合でも、十分に点検しよう。

10 水に浸すな 極力流せ

舗装が常に水に浸った状態は、排水勾配が悪かったり、側溝にゴミが詰まったりしている可能性があるので、注意して点検しよう。

11 床版点検十訓

1　舗装の異状 床版劣化を疑え

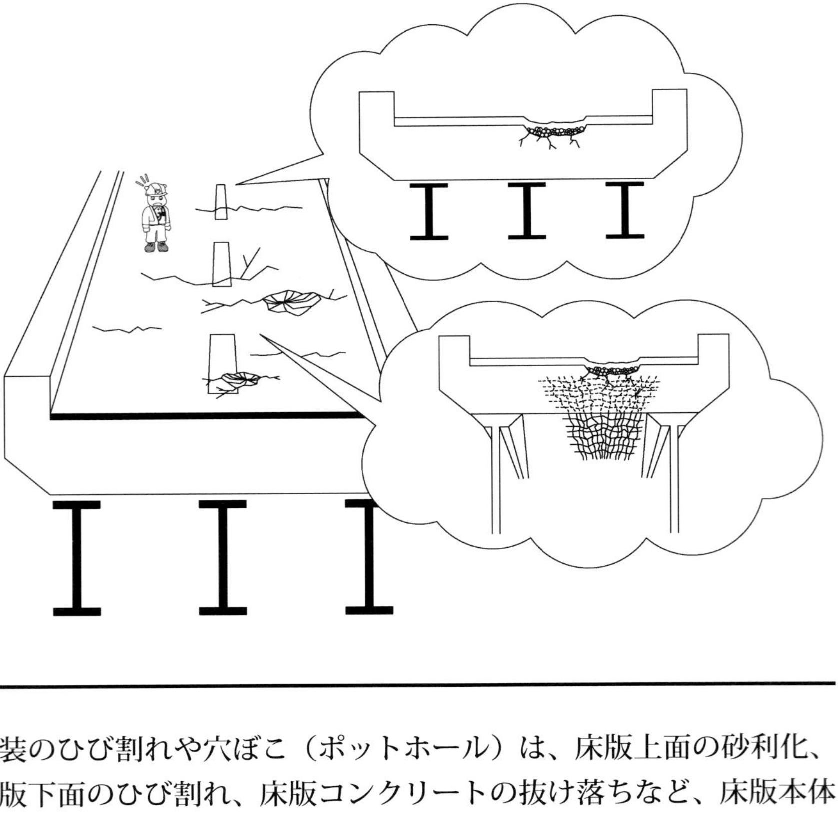

舗装のひび割れや穴ぼこ（ポットホール）は、床版上面の砂利化、床版下面のひび割れ、床版コンクリートの抜け落ちなど、床版本体が劣化している可能性があるので、床版下面を注意して点検しよう。

2　ひび割れと漏水
桁端部の確認忘れるな

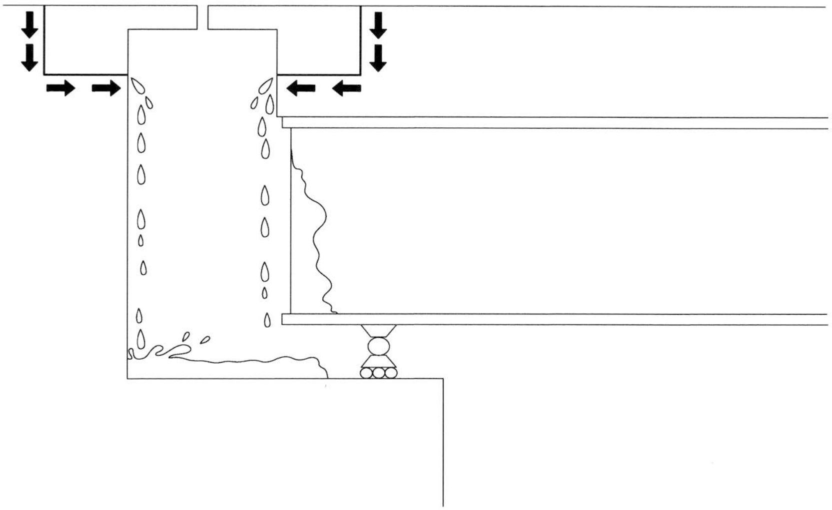

桁端部（横桁の裏）には、伸縮装置と床版の継ぎ目があり、ひび割れや漏水が発生しやすいので、床版下面だけではなく、桁端部を点検し、劣化の有無を確認することが重要である。漏水がある場合は、主桁、横桁、支承等、他の構造部材の状態も確認しよう。

3　排水の不具合 劣化を助長

排水装置が詰まると路面に水が滞水し、床版ひび割れへ水が浸入しやすくなるので、点検時には、排水ますのゴミや土砂を取り除くなど配慮しよう。

4　白いひび割れ劣化のサイン
赤いひび割れ剥落注意

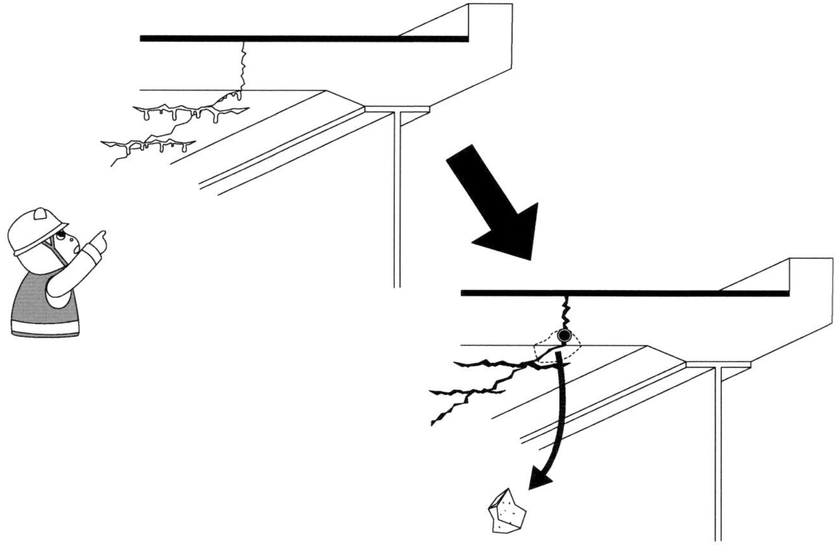

遊離石灰を伴う白いひび割れは、床版を貫通し、かつ水の浸入があることを示し、劣化が加速する前兆である。さび汁を含む赤いひび割れは、床版内部の鉄筋が錆びていることを示し、さびによる鉄筋の膨張で、かぶりコンクリートが剥落する危険性がある。とくに第三者被害が予想される箇所では、注意深く点検しよう。

5　コンクリート片
Vカット水切り付近から落ちてくる

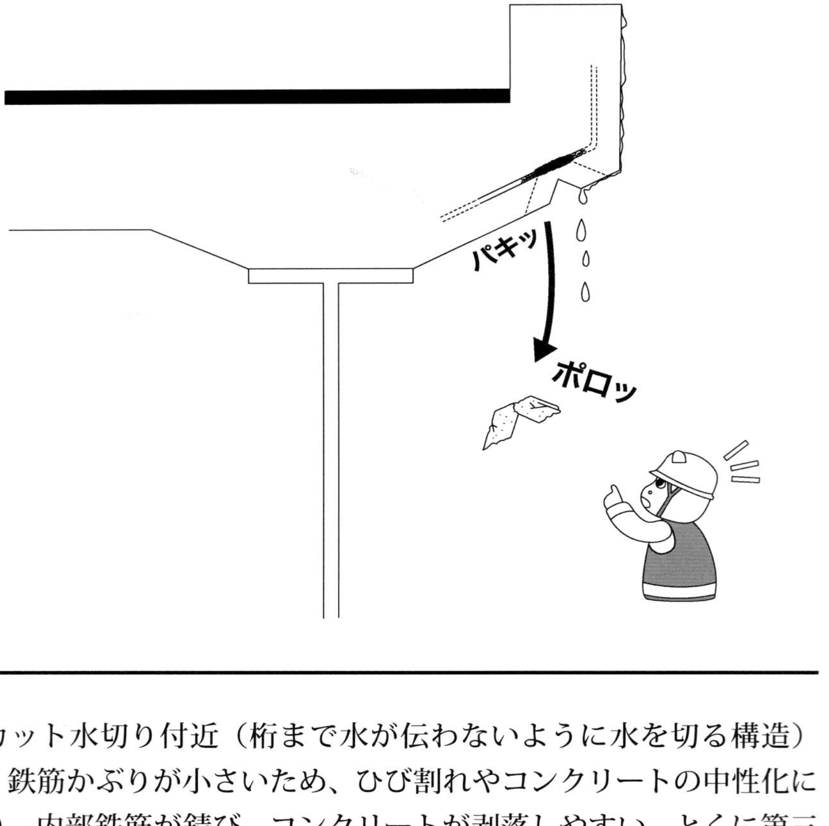

Vカット水切り付近（桁まで水が伝わないように水を切る構造）は、鉄筋かぶりが小さいため、ひび割れやコンクリートの中性化により、内部鉄筋が錆び、コンクリートが剥落しやすい。とくに第三者被害が予想される箇所では、注意深く点検しよう。

6　格子ひび割れ 疲労のサイン

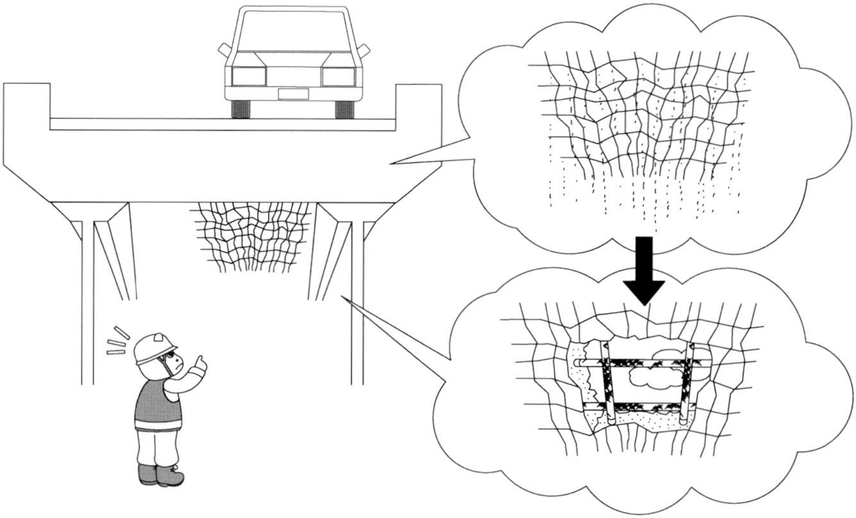

格子ひび割れは、走行車両の繰り返し荷重による疲労劣化が疑われる。ひび割れがさらに細分化すると、床版コンクリートの抜け落ちなど床版の機能が失われる危険性があるため、劣化が進行する前に症状を把握することが重要であることを知っておこう。

7　ひび割れの角落ちあれば劣化加速の危険あり

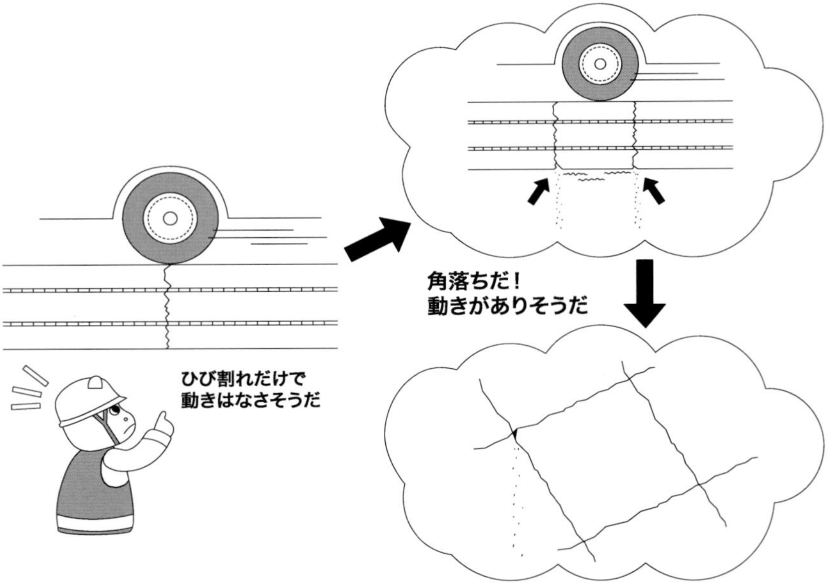

格子ひび割れが細分化しひび割れに角落ちが生じている場合、格子状のコンクリートが急速に劣化し床版が抜け落ちる危険性がある。このため、角落ちが確認できるように近接した点検が重要であり、角落ちが生じていた場合は早期の対策が必要である。

8　鉄筋のさびは塩から
塩はどこから?

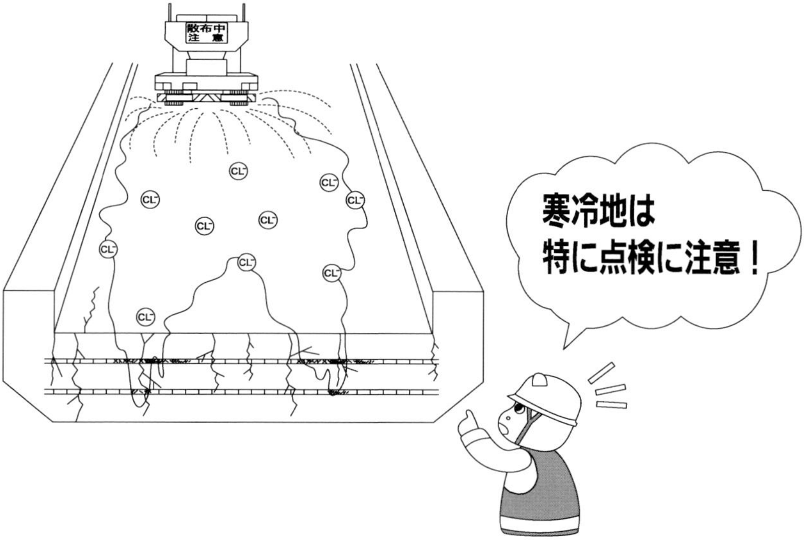

床版への塩分の供給は、海岸地域では海からの飛来塩分、山間地域では積雪・凍結時に使用される塩化カルシウムや塩化ナトリウムなどの凍結防止剤である。塩化物イオンの浸入により鉄筋の腐食が加速するため、これらの地域ではとくに注意して点検する必要があり、内部の鉄筋を腐食させない早い段階での対策が重要である。

9　「みずみち」たどって損傷チェック

橋梁の損傷の多くは、水仕舞いが原因となっている。とくに、水を受ける床版からの漏水やみずみちをたどることで、桁など主構造の損傷から、原因となるみずみちを探ることができることも知っておこう。

10 部分補強ある時は
隣のパネルをじっくり見よう

鋼板接着等の部分的な補強がされている床版では、隣接する未補強パネルに劣化が顕在化しやすいので、隣接パネルを注意深く点検しよう。

1　一歩下がって 全体を見よ

近接して局部を目視するだけではなく、全体を見ることで、桁のたわみ異常や、桁のはらみを見つけられる。地覆や高欄の通りを見て、上部工にずれがあれば支承の破損等の可能性があることを知っておこう。

2　大きく揺れると 疲労が心配

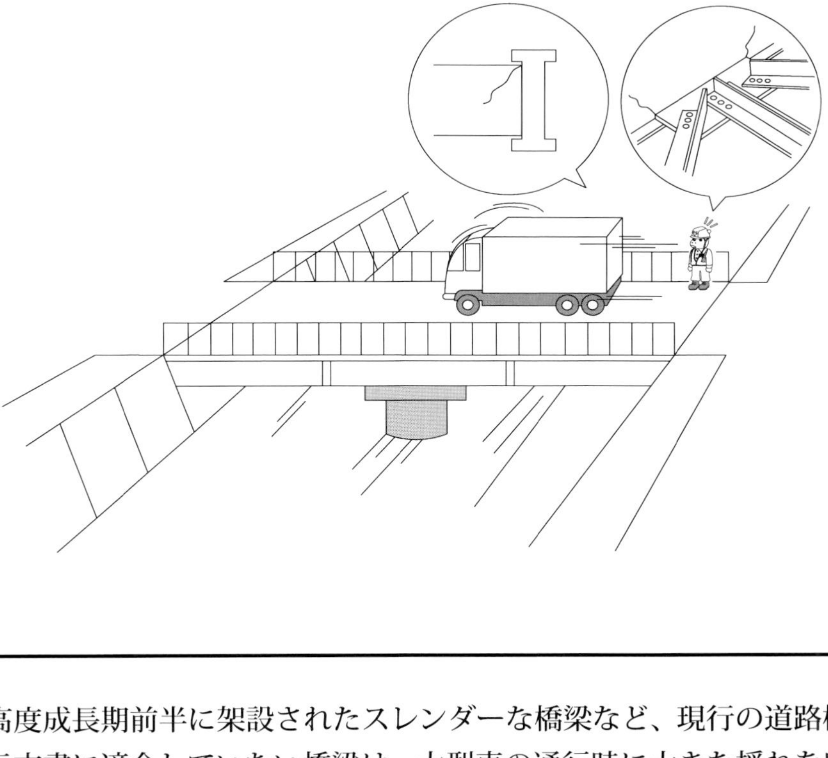

高度成長期前半に架設されたスレンダーな橋梁など、現行の道路橋示方書に適合していない橋梁は、大型車の通行時に大きな揺れを感じるものがある。このような橋梁では疲労による鋼桁のき裂に注意して点検しよう。

3　異音のもとには 何かある

鋼桁では、排水管や部材のはずれ、伸縮装置の破損等により異音を発している場合がある。異音がある場合は、損傷箇所を特定するために、注意して音の発生源を点検しよう。

4　水漏れ 土砂溜まり さびのもと

床版からの漏水や橋座に土砂堆積があると、鋼桁の腐食の原因になる。これらの原因を排除し、腐食環境を作らないことが維持管理上重要である。

5　層状さびは その場で落とせ

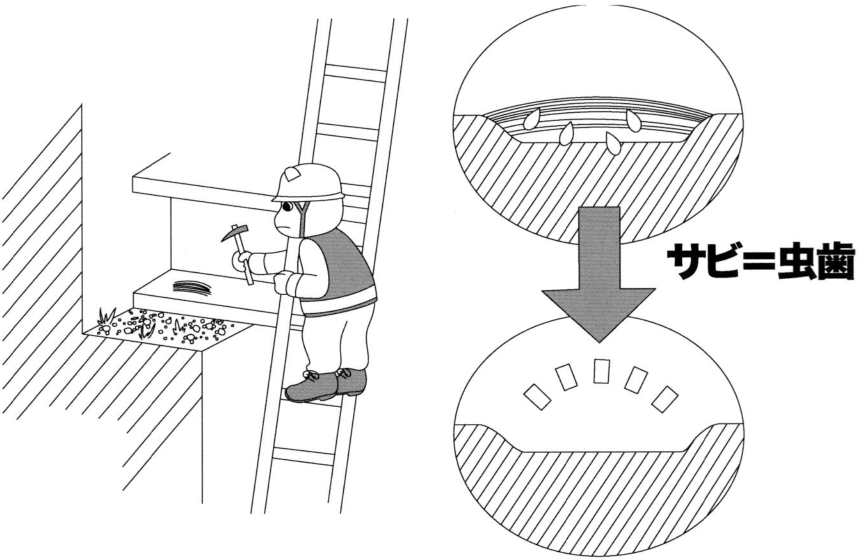

鋼桁に層状さびが発生すると、層状の内部に水が滞水しやすくなり、さらに劣化（さび）が加速する。点検時に（手の届く範囲に）層状さびがある場合は、劣化を加速させないために層状さびを点検ハンマーでたたき落とし、さび止めペンキを塗布するなど、橋の長寿命化に配慮しよう。

6　ボルトの抜け落ちご用心

高力ボルトにF11Tを使用している場合、ボルトが遅れ破壊により破断している可能性がある。ボルトの脱落あるいは脱落しそうなボルトに注意し、点検することが重要である。また、第三者被害が予想される場合には、別途たたき点検等も実施しよう。

7　伸縮段差は 足下注意

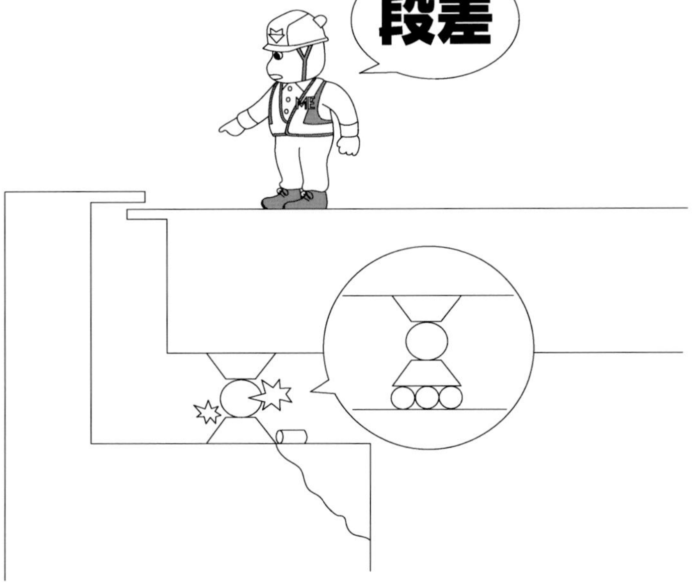

路面の伸縮装置に大きな段差が生じている場合には、支承が破損、主桁の座屈、橋座のせん断破壊等が懸念される。路面に段差がある場合には、必ず橋座周りを確認しよう。

8　雨の翌日 点検日和

雨天時あるいは雨の翌日は、床版からの漏水や鋼桁への水かかりが確認できる。とくに、腐食が生じている鋼橋では、水の発生源を特定するためにも雨天時あるいは雨の翌日に点検することが有効である。

9　近道するなら みずみち探せ

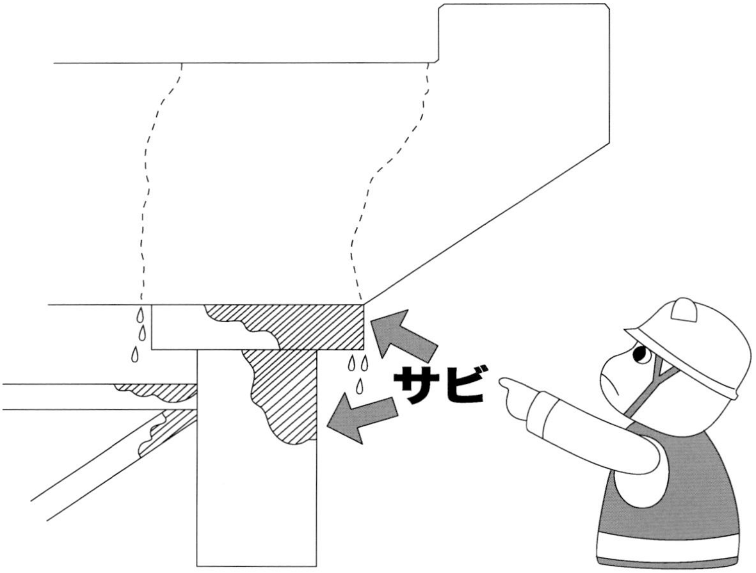

橋梁の劣化対策は、水を止めることが最も重要なポイントである。このため、みずみちを特定し対策することが、橋の長寿命化につながることを知っておこう。

10 塗装の劣化が老化の始まり

塗装の役割は、鋼の防錆である。この塗装が劣化し、十分な機能を果たさなくなれば、鋼桁は錆びる。塗装劣化を見逃さず、早期に塗装塗替等の対策を講じることが鋼桁の長寿命化につながることを覚えておこう。

1　舗装のひび割れは 床版に悪影響

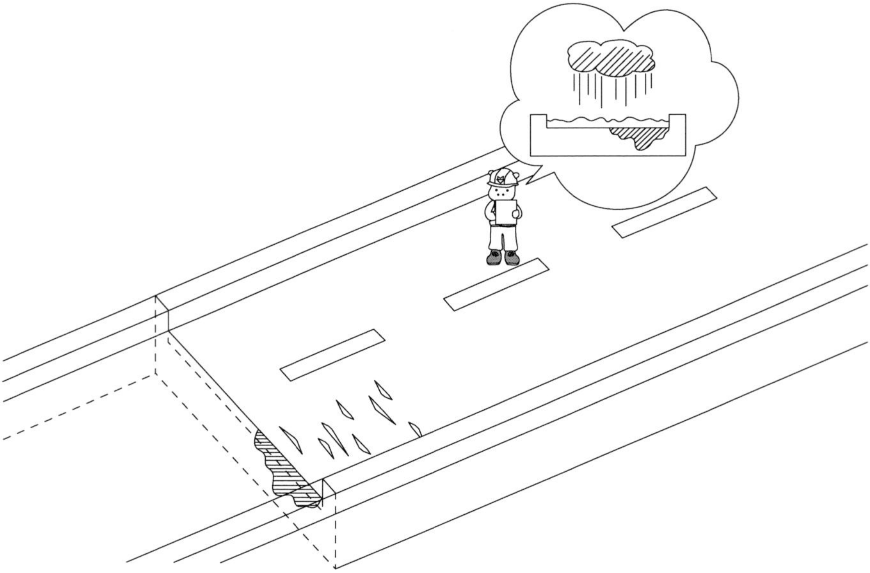

舗装にひび割れが発生している場合には、その位置を記録しておき、橋梁下面の点検時に、漏水による影響が現れていないか確認する。大型車が通行する轍位置にひび割れがあると、雨水が床版上面に浸透し、床版の疲労耐久性を低下させることがあるので、とくに注意しよう。

2　伸縮装置の遊間異常は
下部工の異常に注意

伸縮装置は、通行車両の衝撃や桁の温度伸縮、下部工の傾斜や移動によって破損や遊間異常を起こすことがある。伸縮装置の異常は、床版や桁に設計想定外の力が作用したり、不具合の原因になるのでよく点検しよう。

3　排水機能の不良は鉄筋腐食を助長する

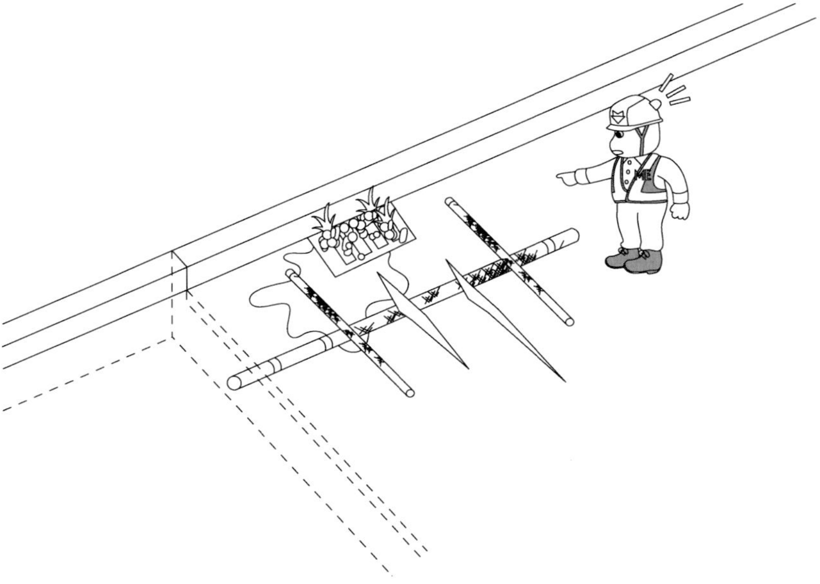

床板下面の点検時には、雨水などの橋面排水装置がきちんと機能しているか点検しよう。機能が不良の場合には、滞水したり、流下する経路にあたる部分に鉄筋腐食が発生しやすくなるので注意しよう。

4　橋面よくても 桁下の損傷に注意

コンクリートの中性化は、水分の影響の少ない箇所で進行しやすい傾向があり、桁施工に関わる初期欠陥や、グラウト不足による鋼材の腐食や破断は、時間の経過とともに危険性が高まる。橋梁上面に異常がなくても、桁下からの変化を見逃さないように、きちんと点検しよう。

5　コンクリートのひび割れ
変状のはじまり

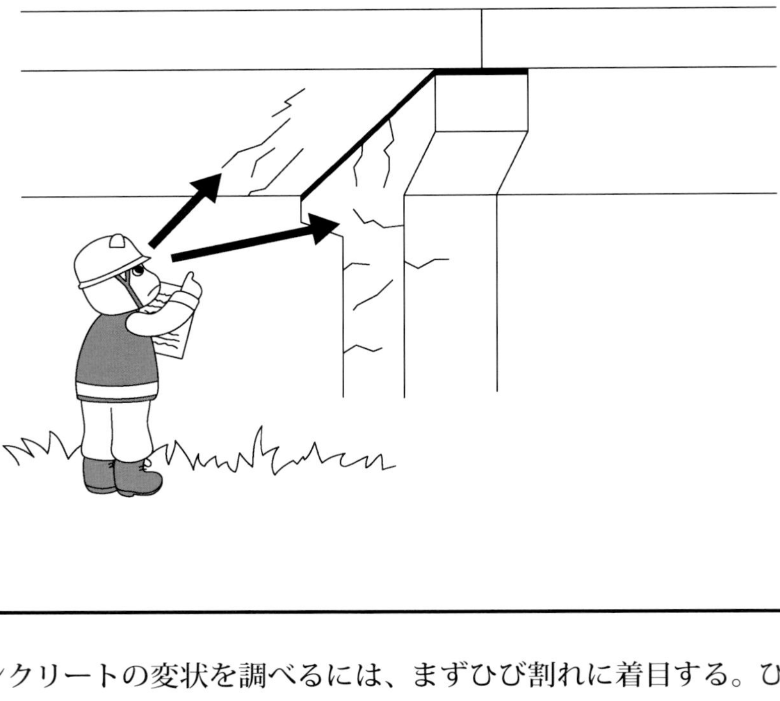

コンクリートの変状を調べるには、まずひび割れに着目する。ひび割れの点検では、目的にあわせて、点検位置や距離などを調整し、精度を定めるとよい。ひび割れには「問題にしなくてよいひび割れ」と「悪いひび割れ」とがあり，原因を予測しながら，適切に判断するように心がけよう。

6　ひび割れの浮き はく落に注意

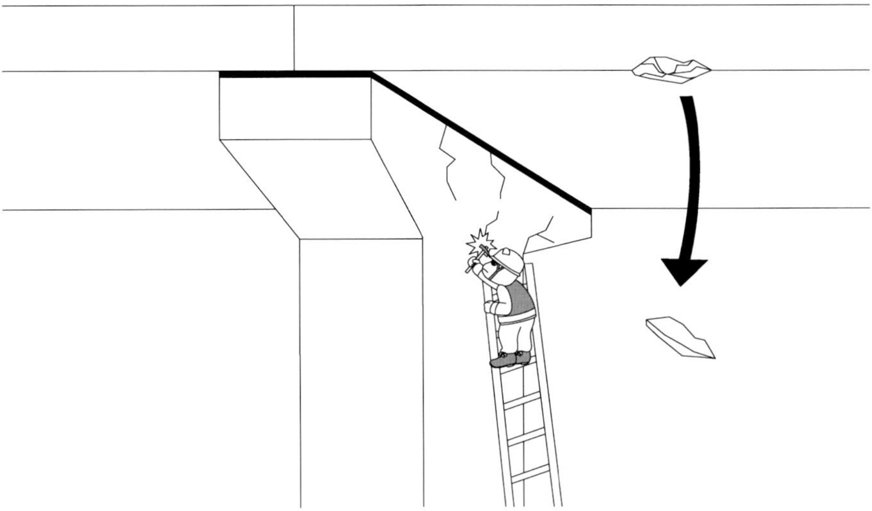

ひび割れから有害物質が内部に浸透し、鉄筋を腐食させ、かぶり部分がはく落することがある。ひび割れ近傍での漏水の兆候や、かぶりが極端に小さい場合には、浮きが発生しやすいので注意しよう。とくに橋下に交差する道路がある場合など、第三者被害の防止は、管理者にとっては重要であることに注意しよう。

7　断面欠損 鉄筋腐食に注意

ひび割れや浮きの進行したものが断面欠損ともいえるので、鉄筋腐食を助長させる原因を探すような観点での点検も必要である。

8　間詰め部からの錆汁
鋼材腐食の兆候

PC桁の間詰め部は、現場打ちコンクリートにより施工されるので、PC桁との接合面での付着が不十分な場合、橋梁上面からの排水が浸透してくることがある。この部分には、鉄筋だけではなく横締めの鋼材が橋軸直角方向に配置されているため、間詰め部からの錆汁は横締め鋼材の腐食の可能性があることに注意しよう

9　桁下面の遊離石灰
橋面からの漏水の疑いあり

主桁のひび割れに遊離石灰が伴っている場合は、橋面からの漏水の疑いがある。とくにひび割れが橋軸方向に沿うもので、鋼材配置に近いところに発生しているときには、主ケーブルのグラウト不良も疑われ、雨水の浸透が主鋼材の発錆に関係している懸念もあるので、とくに注意しよう。

10 横締め定着部の損傷
鋼材腐食に注意

横締め鋼材のグラウト充填が不十分な場合、雨水の浸透が鋼材を腐食させ、PC鋼材の破断や鋼棒の飛び出しや、コンクリート片のはく落による第三者被害を生じさせることがあるので、注意しよう。横締め鋼棒の破断は、目視で判定し難いが、定着部付近のコンクリートのひび割れや浮き、錆汁の滲出などに繋がることもあるため注意して点検しよう。

14 ボックスカルバート点検十訓

1　コンクリート片
必ず上から落ちてくる

コンクリート片や目地材等の落下による、第三者への被害防止を最優先に考えよう。一度たたき点検を実施したとしても、新たな浮きは必ず発生するので、コンクリート片は必ず落ちるものと思って点検しよう。

2　表面を叩いてみれば 浮きわかる

目に見えないコンクリートの浮きを見つけるためには、打音検査が有効である。浮いているかな？ と思う付近を広範囲に叩き、目視点検の結果と合わせて全体を評価しよう。

3　鉄筋露出
あればコンクリート浮いている

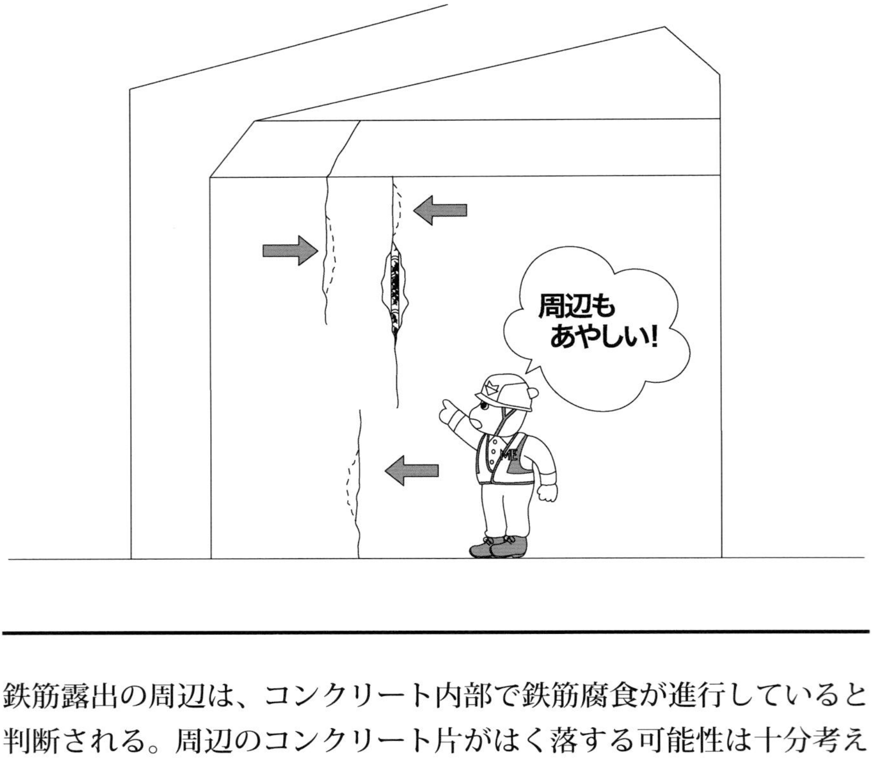

鉄筋露出の周辺は、コンクリート内部で鉄筋腐食が進行していると判断される。周辺のコンクリート片がはく落する可能性は十分考えられるので、きちんと点検しよう。

4　浮いている
危険なコンクリート落として帰る

浮いているコンクリートを発見したら、そのままにせず、必ず叩き落して落下の危険性をなくして点検を終えよう。範囲が広い場合には、状況に応じて通行規制をおこなうことも必要であることに留意しよう。

5　ひび割れは 汚れ具合で時期を知れ

汚れているひび割れは、古くて進展していない。逆にきれいなひび割れは、新しく進行途中の可能性がある。ひび割れの汚れ具合から、発生時期を推測し、対策の緊急性について判断しよう。

6　頂版ひび割れ 進展確認怠るな

頂版のひび割れが現在進行中であれば、荷重（活荷重、土圧）によるひび割れである可能性が高く、コンクリートがはく落するなど第三者被害に繋がる可能性もあるので、注意深く観察しよう。

7　沈下かな 離れて観れば良くわかる

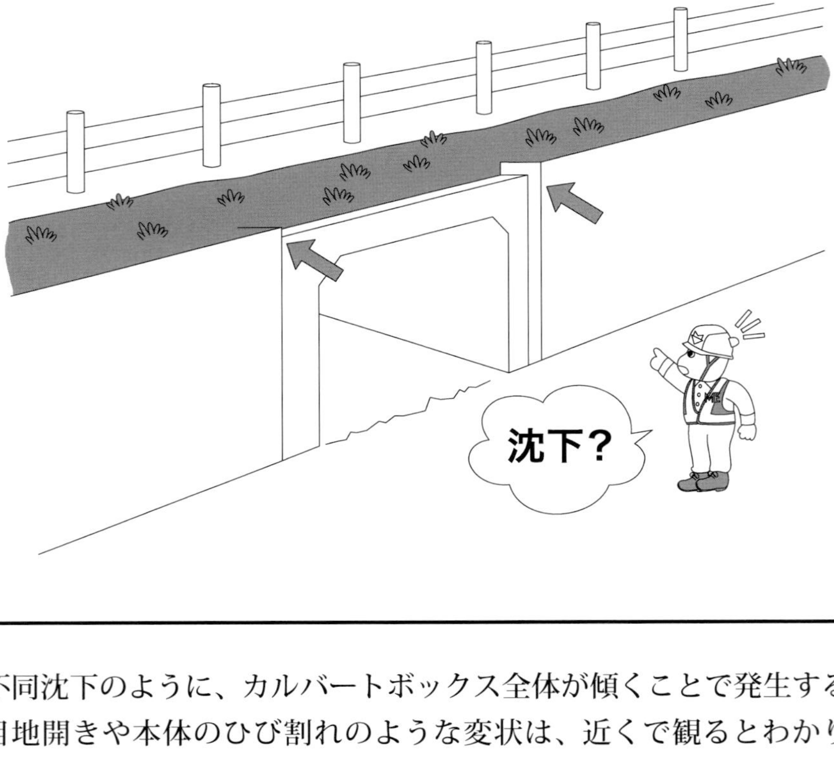

不同沈下のように、カルバートボックス全体が傾くことで発生する目地開きや本体のひび割れのような変状は、近くで観るとわかりにくいことがあるので、少し離れて全体を観察することも重要である。

8　土砂流出 空洞無いか目地のぞく

土砂流出が見られる場合、背後が空洞になっている可能性が高く、これが路面に変状をもたらす危険性があることに留意しよう。

9　水路ふた 段差が歩行の危険生む

水路ふたの不具合は、歩行者のつまずき等の危険性を高める。カルバートボックス本体の変状ではないが、歩行者の安全利用の観点からチェックするように心がけよう。

10 路面の変状 忘れずに

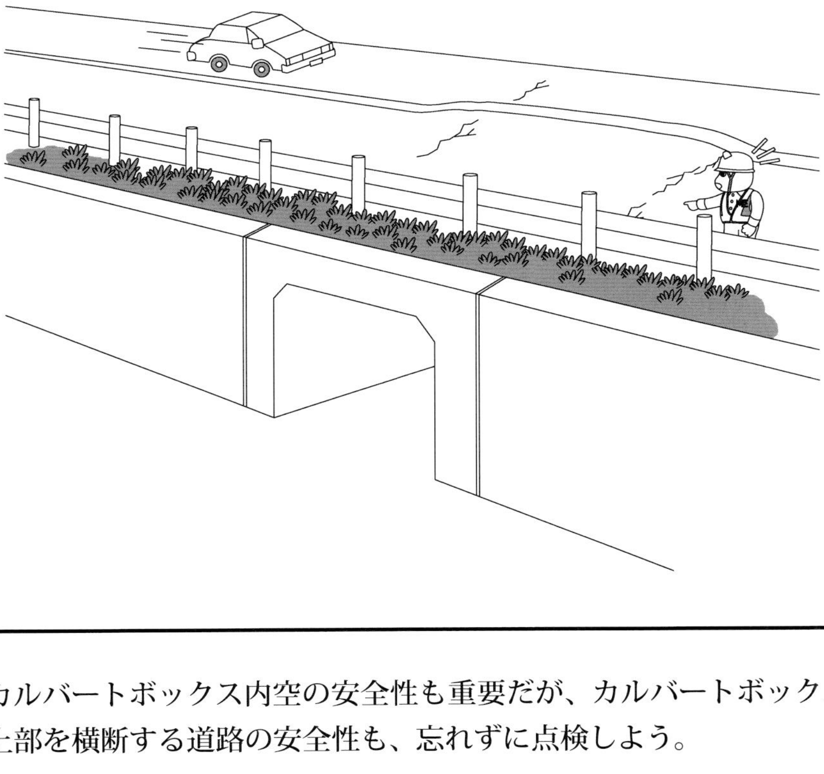

カルバートボックス内空の安全性も重要だが、カルバートボックス上部を横断する道路の安全性も、忘れずに点検しよう。

15 上下水道点検十訓

1　ガタつき音
マンホール蓋の変形チェック

ガタつき音は、受け枠がマンホール躯体から分離し、マンホールの蓋が摩耗・腐食・変形等をしている可能性がある。放置しておくと、受け枠と周辺舗装部の間に空隙が生じるようになり、スリップや騒音、振動の原因となるので注意しよう。

2　蓋を開けて　流下の状況チェック

樹木の侵入根、モルタルや油脂類の付着などは、自然流下を阻害し、悪臭や有毒ガスの発生原因となる。適宜、浚渫及び清掃を行い、管渠の流下能力を確保する対策を心がけよう。

3　蓋からの悪臭・異臭チェック

マンホール内に有毒ガスが発生している可能性がある。
近くのビルピットが悲鳴をあげていないか、都市ガスが漏れてきていないか等、周辺環境も同時に点検するように心がけよう。

4　舗装の亀裂は　地表面の沈下

マンホールとマンホールを結ぶ直線上に、舗装の亀裂や地割れが発生していないかチェックしよう。管が「たるみ」を起こしている箇所ではとくに発生しやすいので注意しよう。

5　地下水の流入チェックで管渠の損傷早期に発見

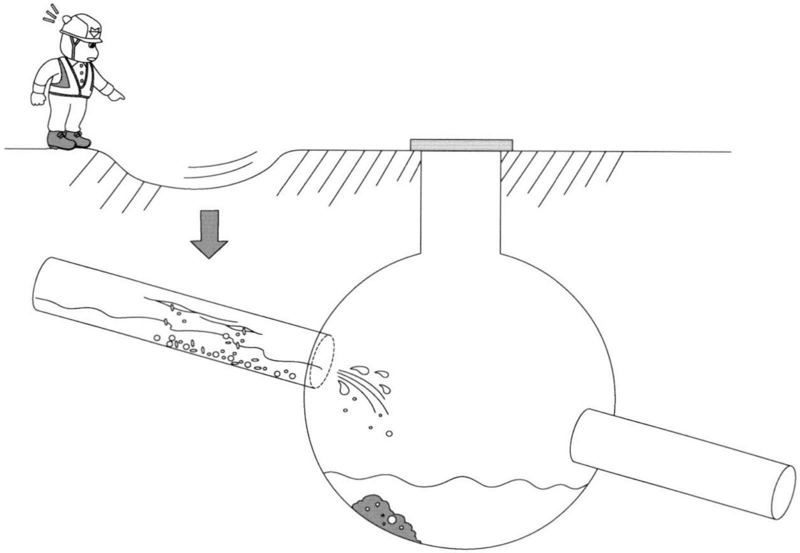

大部分が道路部に埋設されている管路施設では、経年変化や不等沈下などで破損したり、クラックが発生していることがある。その損傷箇所から土砂などを引き込み、路面を陥没させる恐れがあるので早期発見が重要である。

6　占用物件　埋設確認

道路部分には、下水道以外に水道、ガス、電気、電話などの施設も多く埋設されているため、他事業体が工事をする際には立会を行い、不可視部分の安全を確認し、工事による損傷を防止しよう。

7　舗装端や側溝からの清浄水の溢出？

舗装端や側溝から清浄水の溢出がある場合には、降雨後の地下水が原因の場合もあるが、一般的には水道管の破損の可能性があるので、残留塩素濃度を測定して水道水か地下水かを見極めるように心がけよう。

8　作動状況の異常チェック

マンホールポンプに異常がみられる場合には、マンホール内に汚泥が堆積していないか確認しよう。汚泥が堆積していると、マンホール蓋の開口部から汚水が溢れ出ることがあるので、注意しよう。

9　市民からの苦情は迅速に

市民は、施設の変状に一番早く気がつく。市民からの苦情があった場合、取り付け管の閉塞や、付近の管路施設になんらかの異常が起こっている可能性があるので、迅速に点検し対処することを心がけよう。

10 汚水量は晴天日に比べ極端に多くないか

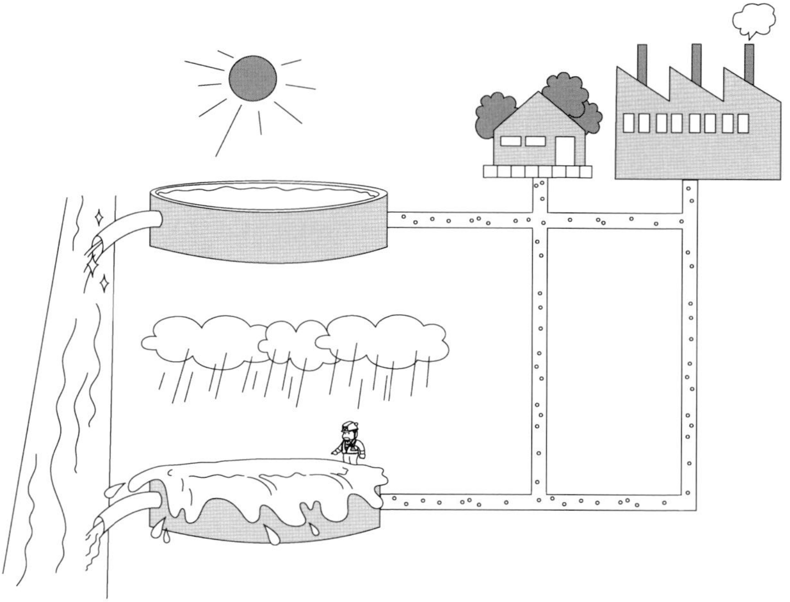

雨水が排水設備に流入している場合には、処理水量が増加する。一般家庭や工場等から排水設備の中に雨水を流してはいないか点検しよう。

社会基盤メンテナンス手帳

— ME君の点検十訓 —

定価はカバーに表示しています。

2010年2月25日　1版1刷発行
2019年9月10日　1版4刷発行

ISBN978-4-7655-1768-3 C3051

監修者　八嶋　厚
発行者　長　滋彦
発行所　技報堂出版株式会社
〒101-0051　東京都千代田区神田神保町1-2-5
電話　営業　03-5217-0885
　　　編集　03-5217-0881
　　　FAX　03-5217-0886
振替口座　00140-4-10
URL：http://gihodobooks.jp/

日本書籍出版協会会員
自然科学書協会会員
土木・建築書協会会員

Printed in Japan

本文デザイン／浜田晃一　装丁・イラスト／北野 玲・西田奈緒子　印刷・製本／昭和情報プロセス